宗教建筑 1

简装版

金盘地产传媒有限公司 策划
广州市唐艺文化传播有限公司 编著

中国林业出版社
China Forestry Publishing House

前言

每一座古建筑都有它独特的形式语言，现代仿古建筑、新中式风格流行的市场环境，让这些建筑语言受到了很多人的追捧，但是如果开发商或者设计师只是模仿古建筑的表面形式，是很难把它们的精髓完全掌握的，只有真正了解这些建筑背后的传统文化，才能打造出引人共鸣、触动心灵的建筑。

本书从这一点着手，试图通过全新的图文形式，再次描摹我们老祖宗留下来的这些文化遗产。全书共十本一套，选取了 220 余个中国古建筑项目，所有实景都是摄影师从全国各地实拍而来，所涉及的区域之广、项目之全让我们从市场上其他同类图书中脱颖而出。我们通过高清大图结合详细的历史文化背景、建筑装饰设计等文字说明的形式，试图梳理出一条关于中国古建筑设计和文化的脉络，不仅让专业读者可以更好地了解其设计精髓，也希望普通读者可以在其中了解更多古建筑的历史和文化，获得更多的阅读乐趣。

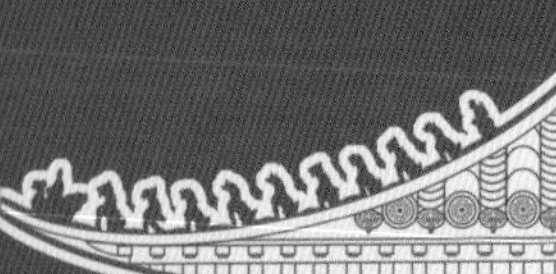

全书主要是根据建筑的功能进行分类，一级分类包括了居住建筑、城市

公共建筑、皇家建筑、宗教建筑、祠祀建筑和园林建筑；在每一个一级分类下，又将其细分成民居、大院、村、寨、古城镇、街、书院、钟楼、鼓楼、宫殿、王府、寺、塔、道观、庵、印经院、坛、祠堂、庙、皇家园林、私家园林、风景名胜等二级分类；同时我们还设置了一条辅助暗线，将所有的项目编排顺序与其所在的不同区域进行呼应归类。

而在具体的编写中，我们则将每一建筑涉及到的历史、科技、艺术、音乐、文学、地理等多方面的特色也重点标示出来，从而为读者带来更加新颖的阅读体验。本书希望以更加简明清晰的形式让读者可以清楚地了解每一类建筑的特色，更好地将其运用到具体的实践中。

古人曾用自己的纸笔有意无意地记录下他们生活的地方，而我们在这里用现代的手段去描绘这些或富丽、或精巧、或清幽、或庄严的建筑，它们在几千年的历史演变中，承载着中国丰富而深刻的传统思想观念，是民族特色的最佳代表。我们希望这本书可以成为读者的灵感库、设计源，更希望所有翻开这本书的人，都可以感受到这本书背后的诚意，了解到那些独属于中国古建和传统文化的故事！

导语

中国古建筑主要是指1911年以前建造的中国古代建筑，也包括晚清建造的具有中国传统风格的建筑。一般来说，中国古建筑包括官式建筑与民间建筑两大类。官式建筑又分为设置斗拱、具有纪念性的大式建筑，与不设斗拱、纯实用性的小式建筑两种。官式建筑是中国古代建筑中等级较高的建筑，其中又分为帝王宫殿与官府衙署等起居办公建筑；皇家苑囿等园林建筑；帝王及后妃死后归葬的陵寝建筑；帝王祭祀先祖的太庙、礼祀天地山川的坛庙等礼制建筑；孔庙、国子监及州学、府学、县学等官方主办的教育建筑；佛寺、道观等宗教建筑多类。民间建筑的式样与范围更为广泛，包括各具地方特色的民居建筑；官僚及文人士大夫的私家园林；按地方血缘关系划分的宗祠建筑；具有地方联谊及商业性质的会馆建筑；各地书院等私人教育性建筑；位于城镇市井中的钟楼、市楼等公共建筑；以及城隍庙、土地庙等地方性宗

教建筑，都属于中国民间古建筑的范畴。

中国古建筑不仅包括中国历代遗留下来的有重要文物与艺术价值的构筑，也包括各个地区、各个民族历史上建造的具有各自风格的传统建筑。古代中国建筑的历史遗存，覆盖了数千年的中国历史，如汉代的石阙、石墓室；南北朝的石窟寺、砖构佛塔；唐代的砖石塔与木构佛殿等等。唐末以来的地面遗存中，砖构、石构与木构建筑保存的很多。明清时代的遗构中，更是完整地保存了大量宫殿、园林、寺庙、陵寝与民居建筑群，从中可以看出中国建筑发展演化的历史。同时，中国是一个多民族的国家，藏族的堡寨与喇嘛塔，维

吾尔族的土坯建筑，蒙古族的毡帐建筑，西南少数民族的竹楼、木造吊脚楼，都是具有地方与民族特色的中国古建筑的一部分。

古建筑演变史

中国古建筑的历史，大致经历了发生、发展、高潮与延续四个阶段。一般来说，先秦时代是中国古建筑的孕育期。当时有活跃的建筑思想及较宽松的建筑创造环境。尤其是春秋战国时期，各诸侯国均有自己独特的城市与建筑。秦始皇一统天下后，曾经模仿六国宫室于咸阳北阪之上，反映了当时建筑的多样性。秦汉时期是中国古建筑的奠基期。这一时期建造了前所未有的宏大都城与宫殿建筑，如秦代的咸阳阿房前殿，"上可以坐万人，下可以建五丈旗，周驰为阁道，自殿下直抵南山，表南山之巅以为阙"，无论是尺度还是气势，都十分雄伟壮观。汉代的未央、长乐、建章等宫殿，均规模宏大。

魏晋南北朝时期，是中外交流的活跃期，中国古建筑吸收了许多外来的影响，如琉璃瓦的传入、大量佛寺与石窟寺的建造等。隋唐时期，中外交流与融合更达到高潮，使唐代建筑呈现了质朴而雄大的刚健风格。

如果说辽人更多地承续了唐风，宋人则容纳了较多江南建筑的风韵，更显风姿卓约。宋代建筑的造型趋向柔弱纤秀，建筑中的曲线较多，室内外装饰趋向华丽而繁细。宋代的彩画种类，远比明清时代多，而其最高规格的彩画——五彩遍装，透出一种"雕焕之下，朱紫冉冉"的华贵气氛。在建筑技术上，宋代已经进入成熟期，出现了《营造法式》这样的著作。建筑的结构与造型，成熟而典雅。

到了元代，中国古建筑受到新一轮的外来影响，出现如磨石地面、白琉璃瓦屋顶，及棕毛殿、维吾尔殿等形式。但随之而来的明代，又回到中国古建筑发展的旧有轨道上。明清时代，中国古建筑逐渐走向程式化和规范化，在建筑技术上，对于结构的把握趋于简化，掌握了木材拼接的技术，对砖石结构的运用，也更加普及而纯熟；但在建筑思想上，则趋于停滞，没有太多创新的发展。

中西古建筑差异

在世界建筑文化的宝库中，中国古建筑文化具有十分独特的地位。一方面，中国古建筑文化保持了与西方建筑文化（源于希腊、罗马建筑）相平行的发展；另一方面，中国古建筑有其独树一帜的结构与艺术特征。

世界上大多数建筑都强调建筑单体的体量、造型与空间，追求与世长存的纪念性，而中国古建筑追求以单体建筑组合成的复杂院落，以深宅大院、琼楼玉宇的大组群，创造宏大的建筑空间气势。所以，如梁思成先生的巧妙比喻，“西方建筑有如一幅油画，可以站在一定的距离与角度进行欣赏；而中国古建筑则是一幅中国卷轴，需要随时间的推移慢慢展开，才能逐步看清全貌”。

中国古建筑文化中，以现世的人居住的宫殿、住宅为主流，即使是为神佛建造的道观、佛寺，也是将其看作神与佛的住宅。因此，中国古建筑不用骇人的空间与体量，也不追求坚固久远。因为，以住宅为建筑的主流，建筑在平面与空间上，大都以住宅为蓝本，如帝王的宫殿、佛寺、道观，甚至会馆、书院之类的建筑，都以与住宅十分接近的四合院落的形式为主。其单体形式、院落组合、结构特征都十分接近，分别只在规模的大小。

中国古代建筑中，除了宫殿、官署、寺庙、住宅外，较少像古代或中世纪西方那样的公共建筑，如古希腊、罗马的公共浴场、竞技场、图书馆、剧场；或中世纪的市政厅、公共广场，以及较为晚近的歌剧院、交易所等。这是因为古代中国文化是建立在农业文明基础之上，较少有对公共生活的追求；而古希腊、罗马、中世纪及文艺复兴以来的欧洲城市，则是典型的城市文明，倾向于对公共领域建筑空间的创造。这一点也正体现了中国古代建筑文化与希腊、罗马及西方中世纪建筑文化的分别。

古建结构特色

古建筑是一门由大量物质堆叠而成的艺术。古建筑造型及空间艺术之基础，在于其内在结构。中国古建筑的主流部分是木结构。无论是宫殿、宗庙，或陵寝前的祭祀殿堂，还是散落在名山大川的佛寺、道观，或民间的祠堂、宅舍等，甚至一些高层佛塔及体量巨大的佛堂，乃至一些桥梁建筑等，都是用纯木结构建造的。

中国传统的木结构，是一种由柱子与梁架结合而成的梁柱结构体系，又分为抬梁式、穿斗式、干栏式与井干式四种形式，而以抬梁式与穿斗式结构最为多见。

早在秦汉时期的中国，就已经发展了砖石结构的建筑。最初，砖石结构主要用于墓室、陵墓前的阙门及城门、桥梁等建筑。南北朝以后出现了大量砖石建造的佛塔建筑。这种佛塔在宋代以后渐渐发展成“砖心木檐”的砖木混合结构的形式。隋代的赵州大石桥，在结构与艺术造型上都达到了很高的水平。砖石结构大量应用于城墙、建筑台基等是五代以后的事情。明代时又出现了许多砖石结构的殿堂建筑——无梁殿。

传统中国古建筑中，还有一种独具特色的结构——生土建筑。生土建筑分版筑式与窑洞式两种，分布在甘肃、陕西、山西、河南的大量窑洞式建筑，至今还具有很强的生命力。生土建筑以其节约能源与建筑材料、不构成环境污染等优势，被现代建筑师归入“生态建筑”的范畴。

三段式建筑造型

传统中国古建筑在单体造型上讲究比例匀称，尺度适宜。以现存较为完整的明清建筑为例，明清官式建筑在造型上为三段式划分：台基、屋身与屋顶。建筑的下部一般为一个砖石的台基，台基之上立柱子与墙，其上覆盖两坡或四坡的反宇式屋顶。一般情况下，屋顶的投影高度与柱、墙的高度比例约在1∶1左右。台基的高度则视建筑的等级而有不同变化。

“方圆相涵”的比例

大式建筑中，在柱、墙与屋顶挑檐之间设斗拱，通过斗拱的过渡，使厚重的屋顶与柱、墙之间，产生一种不即不离的效果，从而使屋顶有一种飘逸感。宋代建筑中，十分注意柱子的高度与柱上斗拱高度之间的比例。宋《营造法式》还明确规定“柱高不逾间之广”，也就是说，柱子的高度与开间的宽度大致接近，因而，使柱子与开间形成一个大略的方形，则檐部就位于这个方形的外接圆上，使得屋檐距台基面的高度与柱子的高度之间，处于一种微妙的“方圆相涵”的比例关系。

中国古建筑既重视大的比例关系，也注意建筑的细部处理。如台明、柱础的细部雕饰，额方下的雀替，额方在角柱上向外的出头——霸王拳，都经过细致的雕刻。额方之上布置精致的斗拱。檐部通过飞椽的巧妙翘曲，使屋顶产生如《诗经》“如翚斯飞”的轻盈感，屋顶正脊两端的鸱吻，四角的仙人、走兽雕饰，都使得建筑在匀称的比例中，又透出一种典雅与精致的效果。

台基

台基分为两大类：普通台基和须弥座台基。普通台基按部位不同分为正阶踏跺、垂手踏跺和抄手踏跺，由角柱石、柱顶石、垂带石、象眼石、砚窝石等构件组成。须弥座从佛像底座转化而来，意为用须弥山来做座，象征神圣高贵。须弥座台基立面上的突出特征是有叠涩，从内向外一层皮一层皮的出跳，有束腰，有莲瓣，有仰、覆莲，再下面还有一个底座。在重要的建筑如宫殿、坛庙和陵寝，都采用须弥座台基形式。

屋顶

中国古代木构建筑的屋顶类型非常丰富，在形式、等级、造型艺术等方面都有详细的规定和要求。最基本的屋顶形式有四种：庑殿顶、歇山顶、悬山顶和硬山顶。还有多种杂式屋顶，如四方攒尖、圆顶、十字脊、勾连塔、工字顶、盔顶、盝顶等，可根据建筑平面形式的变化而选用，因而形成十分复杂、造型奇特的屋顶组群，如宋代的黄鹤楼和滕王阁，以及明清紫禁城角楼等都是优美屋顶造型的代表作。为了突出重点，表示隆重，或者是为了增加园林建筑中的变化，还可以将上述许多屋顶形式做成重檐（二层屋檐或三层屋檐紧密地重叠在一起）。明清故宫的太和殿和乾清宫，便采用了重檐庑殿屋顶以加强帝王的威严感；而天坛祈年殿则采用三重檐圆形屋顶，创造与天接近的艺术气氛。

古建筑布局

中国古代建筑具有很高的艺术成就和独特的审美特

征。中国古建筑的艺术精粹，尤其体现在院落与组群的布局上。有别于西方建筑强调单体的体量与造型，中国古建筑的单体变化较小，体量也较适中，但通过这些似乎相近的单体，中国人创造了丰富多变的庭院空间。在一个大的组群中，往往由许多庭院组成，庭院又分主次：主要的庭院规模较大，居于中心位置，次要的庭院规模较小，围绕主庭院布置。建筑的体量，也因其所在的位置而不同，而古代的材分（宋代模数）制度，恰好起到了在一个建筑组群中，协调各个建筑之间体量关系的有机联系。居于中心的重要建筑，用较高等级的材分，尺度也较大；居于四周的附属建筑，用较低等级的材分，尺度较小。有了主次的区别，也就有了整体的内在和谐，从而造出“庭院深深深几许”的诗画空间和艺术效果。

色彩与装饰

中国古建筑还十分讲究色彩与装饰。北方官式建筑，尤其是宫殿建筑，在汉白玉台基上，用红墙、红柱，上覆黄琉璃瓦顶，檐下用冷色调的青绿彩画，正好造成红墙与黄瓦之间的过渡，再衬以湛蓝的天空，使建筑物透出一种君临天下的华贵高洁与雍容大度的艺术氛围。而江南建筑用白粉墙、灰瓦顶、赭色的柱子，衬以小池、假山、漏窗、修竹，如小家碧玉一般，别有一番典雅精致的艺术效果。再如中国古建筑的彩画、木雕、琉璃瓦饰、砖雕等，都是独具特色的建筑细部，这些细部处理手法，又因不同地区而有各种风格变化。

古建筑哲匠

中国古代建筑以木结构为主，着重榫卯联接，因而追求结构的精巧与装饰的华美。所以，有关中国古建筑的记述，十分强调建筑匠师的巧思，所谓“鬼斧神工”、“巧夺天工”，这些词常被用来描述古代建筑令人惊叹的精妙。

中国古代历史上，有关能工巧匠的记载不绝于史。老百姓最耳熟能详的是鲁班。鲁班几乎成了中国古代匠师的代名词。现存古建筑中，凡是结构精巧、构造奇妙、装饰精美的例子，人们总是传说这是鲁班显灵，巧加点拨的结果。历史上还有不少有关鲁班发明各种木工器具、木人木马等奇妙器械的故事。

见于史书记载的著名哲匠还有很多，如南北朝时期北朝的蒋少游，他仅凭记忆就将南朝华丽的城市与宫殿形式记忆下来，在北朝模仿建造。隋代的宇文凯一手规划隋代大兴城（即唐代长安城）与洛阳城，都是当时世界上最宏大的城市。宋代著名匠师喻皓设计的汴梁开宝寺塔匠心独运。元代的刘秉忠是元大都的规划者；同时代来自尼泊尔的也黑叠尔所设计的妙应寺塔，是现存汉地喇嘛塔中最古老的一例。明代最著名的匠师是蒯祥，曾经参与明代宫殿建筑的营造。另外明代的计成是造园家与造园理论家。他写的《园冶》一书，为我们留下了一部珍贵的古代园林理论著作。与蒯祥相似的是清代的雷发达，他在清初重建北京紫禁城宫殿时崭露头角，此后成为清代皇家御用建筑师。当然还有中国现代著名建筑学家、建筑史学家和建筑教育家梁思成。这些名留青史的建筑哲匠和学者，真正反映了中国古建筑辉煌的一页。

古建筑与其他

中国古建筑具有悠久的历史传统和光辉的成就。我国古代的建筑艺术也是美术鉴赏的重要对象，而中国古代建筑的艺特点是多方面的。比如从文学作品、电影、音乐等中，均可以感受到中国建筑的气势和优美。例如初唐诗人王勃的《滕王阁序》，还有唐代杜牧的《阿房宫赋》、张继的《枫桥夜泊》、刘禹锡的《乌衣巷》，北宋范仲淹的《岳阳楼记》以至近代诗人卞之琳的《断章》等，都叫人赞叹不绝，让大家从文学中领会中国古建筑的瑰丽。

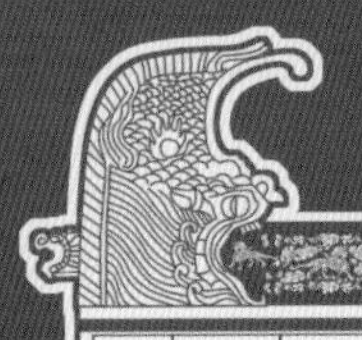

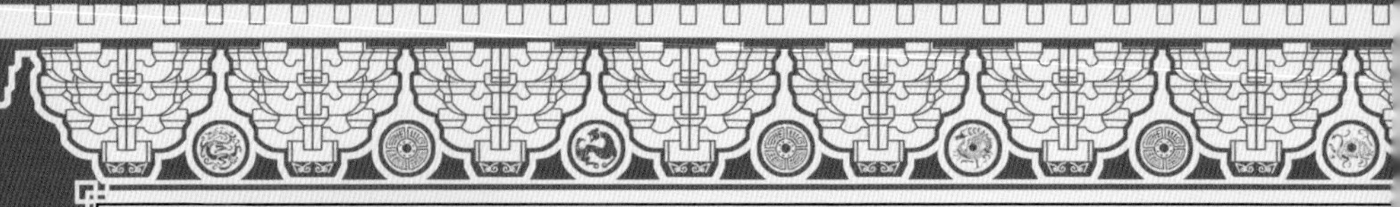

目录

宗教建筑之佛寺

宗教

中国古建全集
建筑

中国古代存在过多种宗教，其中，拥有信徒较多、影响较大的宗教有佛教、道教、伊斯兰教。由于其不同的教义和使用要求，它们在中国的建筑各有特点，表现为不同的总体布局和建筑式样。其中，佛教建筑和伊斯兰教建筑具体细分为寺、塔、石窟、佛亭、陵墓、印经院。佛教有汉传佛教、南传佛教、藏传佛教等分支，同时受不同地理环境的影响，其建筑特点亦有差异。我国现存的佛教建筑数量巨大，在布局上一般是由主殿、配殿等组成的对称的多进院落形式。伊斯兰教建筑在我国主要分为两大类：一类以回族文化为代表，受汉族文化影响较深，其主要特征是木结构、瓦屋顶、四合院、雕梁画栋，有中心轴线，布局严整；一类以维吾尔族文化为代表，追寻的是阿拉伯风格样式，其特点是以夯土、土坯或砖石为主要材料，以自由布局的方式组合，平屋顶、带穹窿、屏风门，有塔楼和内院，墙厚窗小而富于装饰。

单从字面上讲，宗教建筑中的“寺”包括汉传佛寺、藏传佛寺和清真寺。汉传佛寺是汉传佛教僧侣供奉佛像、佛骨，进行宗教活动和居住的处所，到了明清时期又叫寺庙。汉传佛寺有明显的纵中轴线，从主要出入口“三门”开始，沿轴线纵列数重殿阁，中间连以横廊，划分成几进院落，构成全寺主体部分。较大寺院在主体殿阁两侧，仿宫殿中廊院式布局，对称排列若干较小的“院”，主院和各小院均绕以回廊，廊内有壁画，有的还附建配殿或配楼。藏传佛寺，一般俗称为喇嘛庙。这类佛教寺庙又可以分为三种：第一种为汉式建筑的喇嘛庙，如北京的雍和宫。它们的总体布局，与汉传佛教寺庙相差无几；第二种为汉藏建筑结合式，如河北承德普宁寺、普乐寺等。寺的前部为典型的汉族建筑形式，寺的后部为典型的藏式建筑形式；第三种为藏式建筑，如拉萨布达拉宫、日喀则扎什伦布寺。但这类寺庙也并非纯藏式建筑，其中也融入了数量不等的汉族建筑形式。前两种喇嘛庙在我国的数量不多。

清真寺是伊斯兰教徒做礼拜的地方。清真寺的主体建筑是礼拜大殿，方向朝向麦加克尔白。较大的清真寺还有宣礼塔，塔顶呈尖形，又称尖塔。清真寺多为穹窿建筑，多数是由分行排列的方柱或圆柱支撑的一系列拱门，拱门又支撑着圆顶、拱顶。建筑物外表，敷以彩色或其他装潢。

佛塔、石窟、佛亭、印经院等，均为佛教建筑的典型形式，佛塔最早用来供奉和安置舍利、经文和各种法物，造型多样；石窟是一种就着山势开凿的寺庙建筑，里面有佛像或佛教故事的壁画；佛亭主要为高僧授经和商定宗教重大活动的场所；印经院则为印制经文的地方，集中了佛教的文化和思想。

道教的宫观建筑是从古代中国传统的宫殿、神庙、祭坛建筑发展而来的，是道教徒祭神礼拜的场所，也是他们隐居、修炼之处所。宫观虽然规模不等，形制各异，但总体上却不外以下三类：宫殿式的庙宇；一般的祠庙；朴素的茅庐或洞穴。三者在建筑规模上有很大区别，但其目的与功用却是统一的。道教宫观大多为我国传统的群体建筑形式，即由个别的、单一的建筑相互连接组合成的建筑群。这种建筑形式从其个体来看，是低矮的、平凡的，但就其整体建筑群来讲，却是结构方正，对称严谨。这种建筑形象，充分表现了严肃而井井有条的传统理性精神和道教徒追求平稳、安静的审美心理。

《宗教建筑》共有三册，选取近百个项目，分为佛寺、道观与佛塔三大类一一呈现，并按照北方区域、江南区域、岭南区域以及西南区域进行划分，作对比研究，让读者通过追溯宗教的历史以及建筑史来充分感受宗教建筑文化，品味那古老而不失韵味的宗教建筑。

佛寺

佛寺是佛教徒供奉神祇、进行宗教活动和供僧人居住的场所。佛教起源于印度，在东汉明帝时（58～76年）传入中国，带来佛经，并建造寺庙和佛塔，正式传教。起初寺在汉代的原意是官署名称——凡府廷所在皆为之寺。后来天竺僧释摩腾和竺法兰自西域用白马驮佛经来洛阳，住在接待宾客的官署——鸿胪寺，又改名为白马寺，从此把供奉佛像的地方都称作寺，并以寺为佛教建筑的通称。现存佛寺绝大多数是明清时代建立或重建的，总数当有数千。

早期佛寺的平面布局大致与印度相同，以塔为寺的主体，以后寺内建置佛殿，供奉佛像，供信徒膜拜。于是佛寺内塔殿并重，而塔仍在佛殿之前，北魏洛阳永宁寺是这一时期佛寺建筑布局的典型。这一时期还有以舍宅为寺的，即以宅院的前厅为佛殿，后堂为讲堂，四周以廊庑环绕。东晋初期已出现双塔的形式，而佛殿也逐渐成为寺院的主体，其平面布局一般采用中国传统的庭院布局形式。隋唐时期已经很少有以塔为中心的佛寺，当时的佛寺大多在寺旁或寺后建塔，另成塔院形式，有的则不建塔。后来的

佛寺都有明显的中轴线。宋代由于禅宗盛行，佛寺的建筑布局也有伽蓝七堂的形式。

明代以后的佛寺布局大致定型：以山门作入口，第一进院落的正中是天王殿，两侧建有钟鼓楼；第二进院落的正中是大雄宝殿，东西各有配殿一座；第三进院落可建藏经阁，或建大悲阁供奉巨大的观音塑像。有的佛寺还专建“田”字形的罗汉堂。另外，在主要院落的两侧，视佛寺规模大小还可建一些小院落，安排方丈院、僧舍、斋堂、客房、库房、厨房、磨房等附属建筑。

本书中，宗教建筑的分类以寺为主，共分为三本。其涵盖汉传佛教寺庙，这类庙宇数量多、分布广；藏传佛教寺庙，主要分布在西藏自治区和内蒙古自治区以及青海、甘肃、四川、云南等省；少数南传佛教的佛寺，主要分布在云南省西南部。这三类佛教寺庙，各有特色，但都是宗教建筑和生活建筑的结合体，而且结合得如此完好、如此巧妙，这在我国古代建筑的众多类型中是独树一帜的。

北京雍和宫

法镜交光
六根成慧日
牟尼真净
十地起祥云

雍和宫

雍和宫是清朝中后期全国规格最高的一座佛教寺院。它坐北朝南，建筑分东、中、西三路，中路由七进院落和五层殿堂组成中轴线，左右还有多种配殿和配楼。整个建筑布局的特点是院落从南向北渐次缩小，而殿宇则依次升高。雍和宫建筑风格非常独特，融汉、满、蒙等各民族建筑艺术于一体。雍和宫出了两位皇帝，成了“龙潜福地”，所以殿宇为黄瓦红墙，与紫禁城皇宫一样规格。

历史文化背景

雍和宫位于北京市区为东北部，原址为明太监官房。清康熙三十三年（1694年），康熙在此建造府邸，并赐予四子雍亲王，称雍亲王府。雍正即位后，将其中的一半改为黄教上院，另一半作为行宫，后来行宫被火烧毁。雍正三年（1725年），雍正将上院改为行宫，称“雍和宫”。雍正十三年（1735年），雍正驾崩，曾于此停放灵柩，因此，雍和宫主要殿堂原绿色琉璃瓦被改为黄色琉璃瓦。又因乾隆皇帝诞生于此，雍和宫出了两位皇帝，成了“龙潜福地”，所以殿宇为黄瓦红墙，与紫禁城皇宫一样规格。乾隆九年（1744年），雍和宫改为喇嘛庙，特派总理事务王大臣管理本宫事务。雍和宫成为正式的藏传佛教的寺庙，并成为清政府掌管全国藏传佛教事务的中心。可以说，雍和宫是清朝中后期全国规格最高的一座佛教寺院。

新中国成立后，政府于1950年、1952年、1979年进行全面修整。1957年10月北京市人民委员会公布了包括雍和宫在内的北京市第一批39个文物保护单位。1961年3月，雍和宫被国务院列为全国第一批国家重点文物保护单位。1981年雍和宫对外开放，并于1983年被国务院确定为汉族地区佛教全国重点寺院。

建筑布局

雍和宫坐北朝南，主要由三座精致的牌坊和五进宏伟的大殿组成。从飞檐斗拱的东西牌坊到古色古香东、西顺山楼共占地面积66 400平方米，有殿宇千余间。据1950年统计，雍和宫共有房661间，其中佛殿238间。

整座寺庙的建筑分东、中、西三路，中路由七进院落和五层殿堂组成中轴线，左右还有多种配殿和配楼。中路建筑主要包括牌楼院、昭泰门、天王殿、雍和宫殿、永佑殿、法轮殿、万福阁等。整个建筑布局的特点是院落从南向北渐次缩小，而殿宇则依次升高。

牌楼院位于雍和宫最南部，大门坐东朝西，东、西、北各立一木牌坊，南侧有一黄、绿琉璃砖瓦的影壁。牌楼院北为昭泰门，中间为一间正门，两侧各有一旁门，黄琉璃筒瓦歇山顶，棋盘大门。

昭泰门北为天王殿，又称雍和门，殿原为王府的宫门，后改建为天王殿。殿面阔五间，黄琉璃筒瓦歇山顶，重昂五踩斗拱，和玺彩画，前檐为走马板（宋称障日板），明、次间为壶门，梢间为壶门式斜方格窗。后檐为五抹斜方格门窗，明、次间为门，梢间为窗。殿内为井口天花，地铺方砖，供有布袋尊者和四大天王塑像。殿北有御碑亭，又名四体碑亭，黄琉璃筒瓦重檐四角攒尖顶，上檐为重昂五踩斗拱，下檐为单翘单昂五踩溜金斗拱，和玺彩画，亭内立有一四方碑，上以满、汉、蒙、藏四种文字刻乾隆帝所撰写的《喇嘛说》。

雍和宫在碑亭之北，殿原为王府银安殿，现相当于一般寺庙的大雄宝殿。殿黄琉璃筒瓦歇山顶，面阔七间，单翘重昂斗拱，和玺彩画，前有月台，围以黄、绿、红琉璃砖花墙，明间上悬雕龙华带匾，中刻满、汉、蒙、藏四种文字所题“雍和宫”。殿内供有三尊青铜质泥金佛像，及蒙麻泼金十八罗汉像。殿前东西有配楼，东为温度孙殿（密宗殿），西为擦尼特殿（讲经殿），均为灰筒瓦重檐硬山顶重楼，面阔七间，后厦三间，上下层均出廊。

雍和宫北为永佑殿，原为王府正寝殿，后殿因供奉雍正帝影像而改名为“神御殿”，乾隆九年（1744年）行宫改建寺庙后，改为今名，黄琉璃筒瓦歇山顶，面阔五间，重昂五踩斗拱，前后均为三交六椀棱花门窗，下有龟背纹绿琉璃槛墙，前有三出陛台阶二层。殿内正中供有三尊高2.35米的白檀木雕佛像，殿前有东西配殿，分别为额椅殿（医学殿）和宁阿殿（数学殿）。

出永佑殿后门，即入法轮殿院落。法轮殿为举行法事的场所，建筑平面呈“十”字形，面阔七间，黄琉璃筒瓦歇山顶，前出轩后抱厦各五间，轩厦均为黄筒瓦歇山卷棚顶。殿顶四边各有一黄筒瓦悬山顶天窗，殿顶及天窗顶各建有一藏族风格的镏金宝塔。殿内正中供奉一尊高6.1米的格鲁派创始人宗喀巴大师的铜坐像，像背后有紫檀木雕成的五百罗汉山，东西壁还有以释迦牟尼为题材的壁画。戒台楼位于法轮殿西侧，是乾隆四十五年（1780年），乾隆帝为迎六世班禅进京为己祝寿、受戒而建。班禅楼位于法轮殿东侧，最初是供奉药师佛的法坛称药师楼，六世班禅进京时以此处为住所，楼因之得名。两楼皆为黄筒瓦重楼歇山顶，上层9间有廊，下层25间南面有三出陛台阶四层。

法轮殿之北是万福阁，是雍和宫寺庙建筑群中北端最高的建筑。阁为黄琉璃筒瓦歇山顶，重檐重楼，高25米，上、中、下各层面阔、进深均为五间。上层为重昂五踩斗拱，和玺彩画，正中匾为“圆观并应”；中层为重昂五踩斗拱，和玺彩画，四周带廊及护栏板，正中匾为“净域慧因”；下层为单翘单昂斗拱，和玺彩画，前后三出陛，正中悬雕龙华带匾，上以满、汉、蒙、藏四种文字书“万福阁”。阁内供奉一地上18米、地下8米，总高26米的木雕迈达拉佛（弥勒站像），其主干由整棵白檀木雕刻而成。

万福阁东西两侧分别为永康阁和延绥阁，中间以悬空阁道式飞廊相连通。绥成殿在万福阁北，是雍和宫中路最北端的建筑，黄琉璃筒瓦硬山顶，重檐重楼，上下均出廊，面阔七间，殿前有月台与万福阁相连。

设计特色

雍和宫建筑风格非常独特，融汉、满、蒙等各民族建筑艺术于一体。大殿一般采用梁柱结构。其梁柱做法，是沿进深方向在石础立柱，柱上架梁，梁上又立短柱，上架一较短的梁。这样重叠数层短柱，架起逐层缩短的梁架。最上一层立一根顶脊柱，形成一组木构架。每两组平行的木构架之间，以横向的枋联结柱的上端，并在各层梁头和顶脊柱上，安置若干与构架成直角的檩子，檩子上排列椽子，承载屋面荷载，联结横向构架。这种木构架，是用中国传统工艺做成，可抗地震的破坏。另外，雍和宫的墙垣涂成红色，因为红色在我国民俗中，历来是吉祥、喜庆的标志，并含有庄严、幸福的意义，在建筑色彩上也属最高等级。雍和宫享有皇宫的规格，这就是它黄瓦红墙的原因。

【史海拾贝】

清世宗（1678~1735 年）即雍正帝，名爱新觉罗·胤禛，圣祖第四子。清代皇帝，年号雍正。1723~1735 年在位。初封雍亲王，康熙末，得到隆科多等人帮助而夺得帝位。他采用高压手段对付诸位兄弟，贬斥康熙的亲信，加强君主集权。对外曾与沙俄订立界约，划定中俄中段边界。雍正是中国历史上最勤奋、最有作为的君王之一。雍正每天睡眠不超过 4 小时，只有过生日那天才给自己放一天假。现存档案表明，他光在奏折上就批了 1000 多万字，是全部《资治通鉴》字数的 3 倍多。

雍正的父亲康熙创造了一个盛世神话，但最后也留下了一堆问题：吏治腐败、效率低下、国库空虚。早在当藩王时，雍正就深为忧虑。与此同时，雍正奖掖勤能、责罚庸懒，逼迫官员改变作风，不换脑筋就换人。大家如梦初醒，意识到不是现在官不好当了，而是过去当官太容易了；谁如果再像以前那样混日子，那就是跟自己过不去。于是，各级官员很快适应了新形势，纷纷行动起来。官场风气迅速扭转，号称“雍正一朝，无官不清”，这实在是中国封建社会的奇迹，也为推进各个领域的改革提供了保障条件。创设军机处，集中权力推进改革；取消人头税，缓解社会矛盾；改土归流，维护国家统一等大动作，如果没有肃贪治懒的铺垫，结果是不可想象的。

康熙末年，国库存银仅 3200 多万两，到雍正七年，已增长到 6000 多万两，几乎翻番。雍正的父亲康熙遗留的烂摊子，儿子乾隆可能会遇到的障碍，在他手中基本收拾停当。华裔日本学者杨启樵曾感叹：“康熙宽大，乾隆疏阔，要不是雍正的整饬，清朝恐早衰亡。”雍正当政的第十三年（1735 年），在八月的一个月色暗淡的晚上，突然猝死在西郊的行宫圆明园。隔日清晨，人们匆匆将其未及入棺的尸身急急运回紫禁城，当日下午入殓，停于灵雍和宫内。关于雍正猝死说法不一，有的说是自然疾病死亡，有的说是被刺死等等。

检票入口
在殿内拍照，寺院内禁止吸烟，禁

寰
安全

▲ 十六柱八角重檐亭立面图 1:50

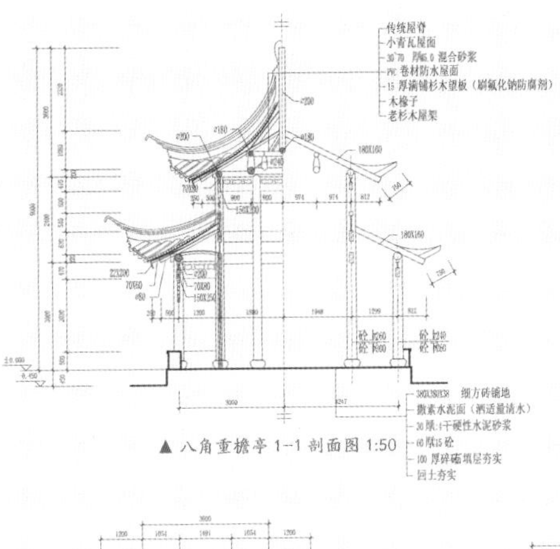

▲ 八角重檐亭 1-1 剖面图 1:50

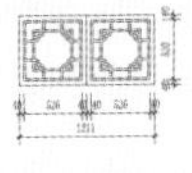

▲ 风窗大样 1:25

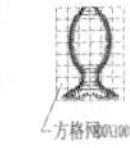

▲ 宝顶大样 1:25

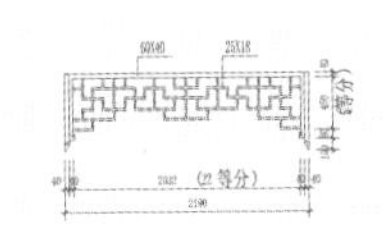

▲ 挂落大样 1:25

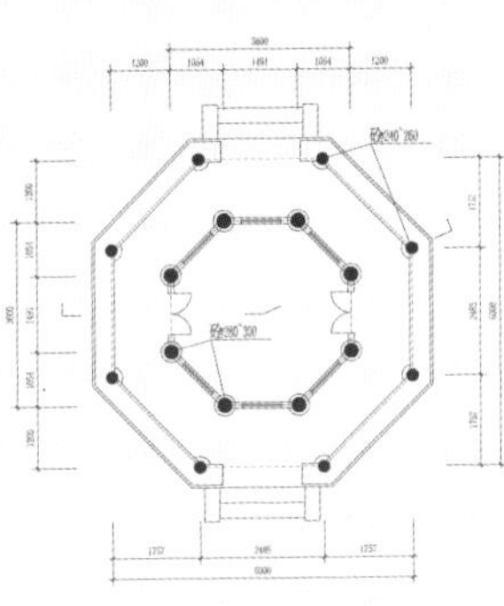

▲ 十六柱八角重檐亭平面图 1:50

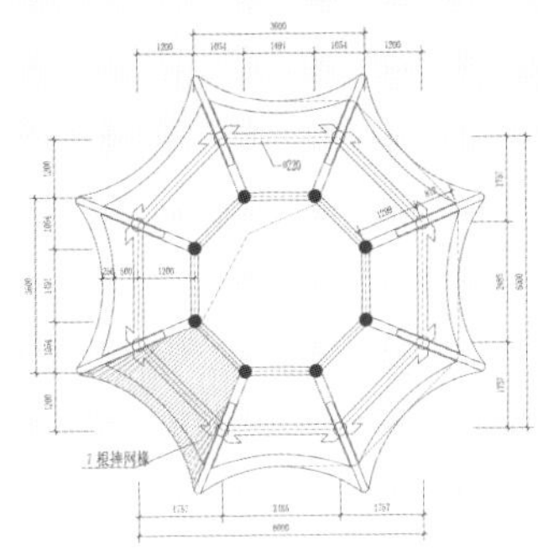

▲ 下沿屋架平面图 1:50

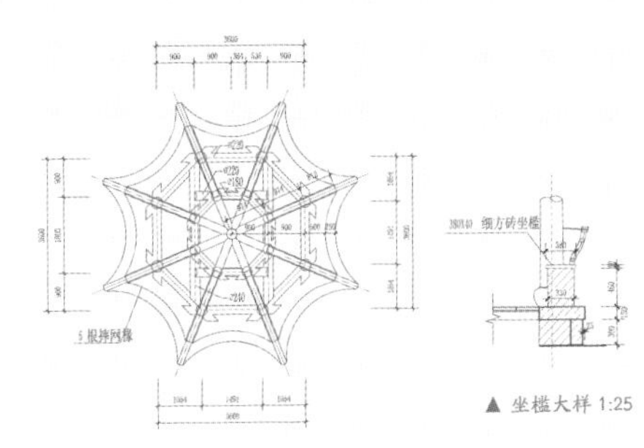

▲ 上沿屋架平面图 1:50

▲ 坐槛大样 1:25

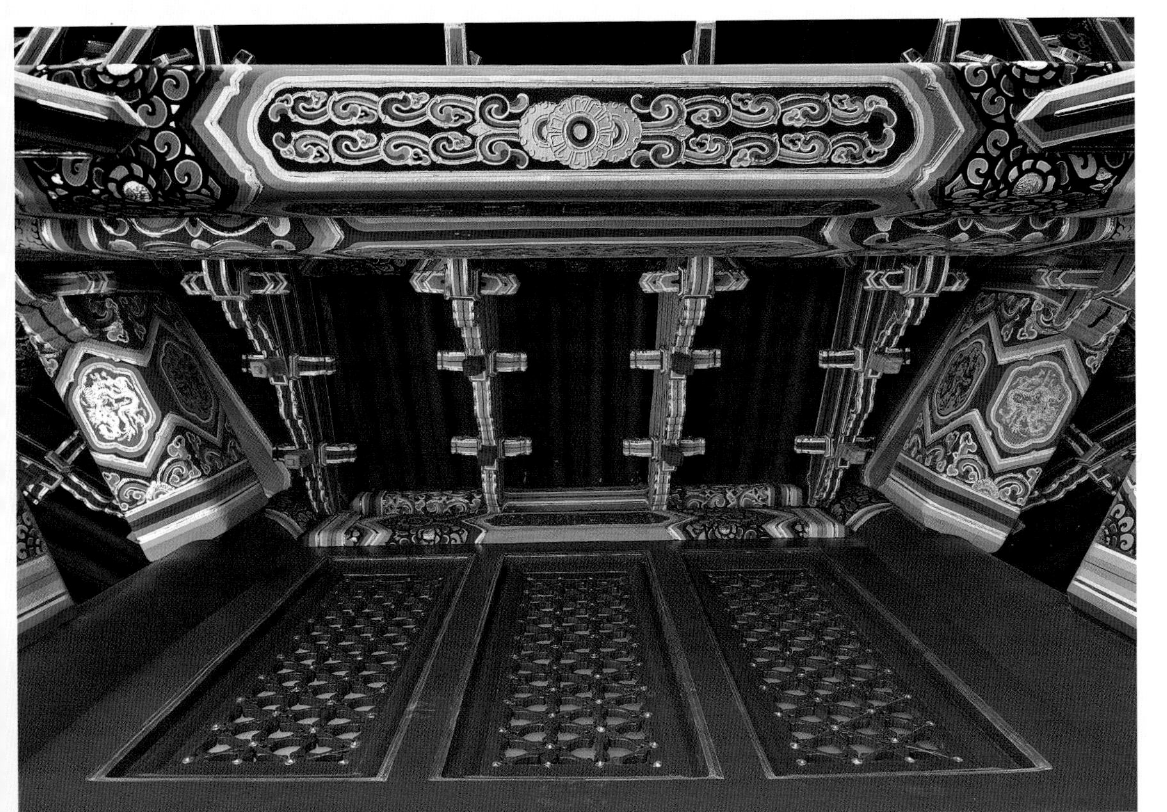

妙明心
牟尼

爱护文物 您的美德

雍和宫

圓通自在
法界示能仁福資
度百千萬億劫之
接引
法界示能仁福資萬
圓通自在住不二

法輪殿

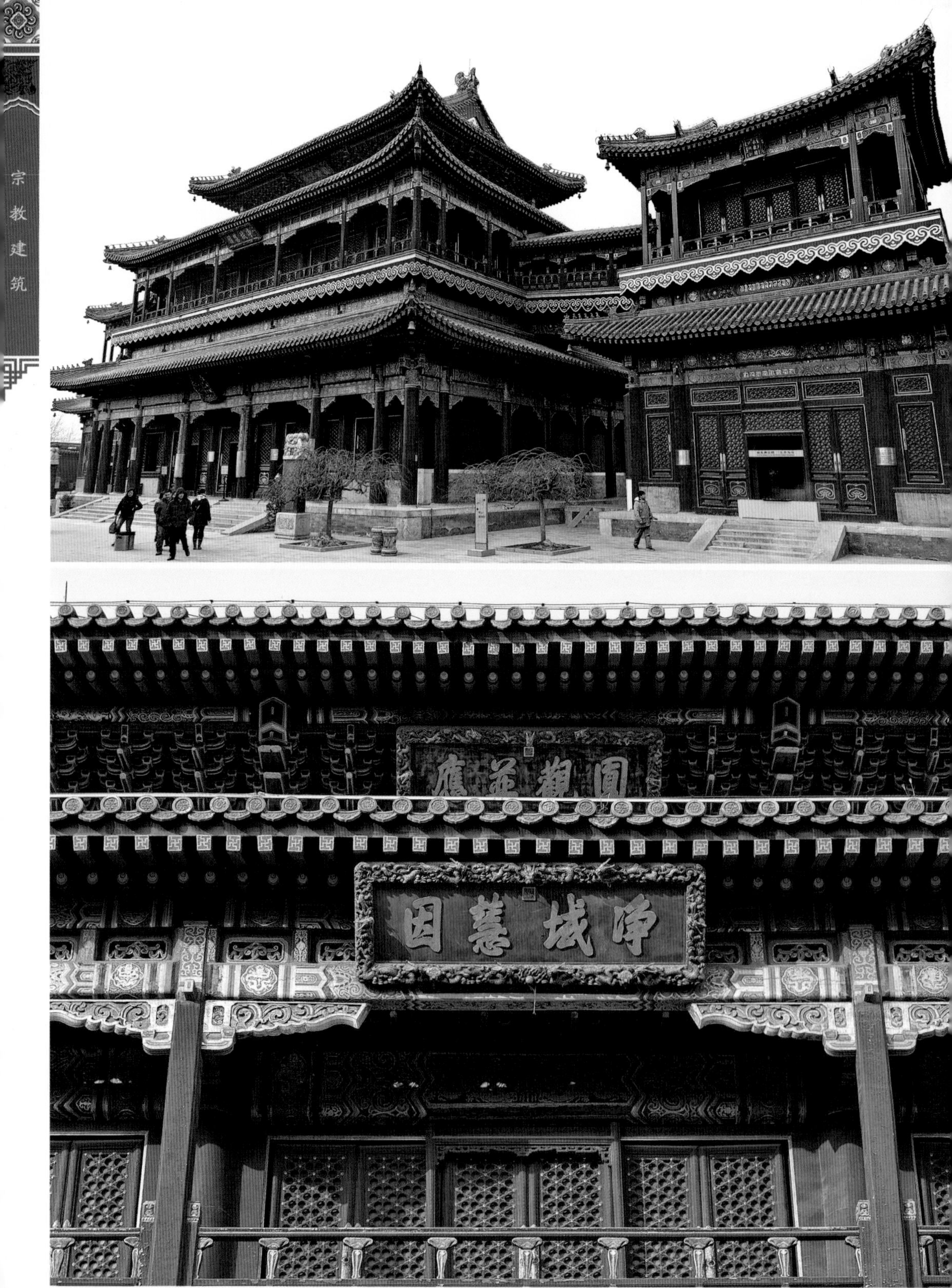
圓觀並應
淨域慧因

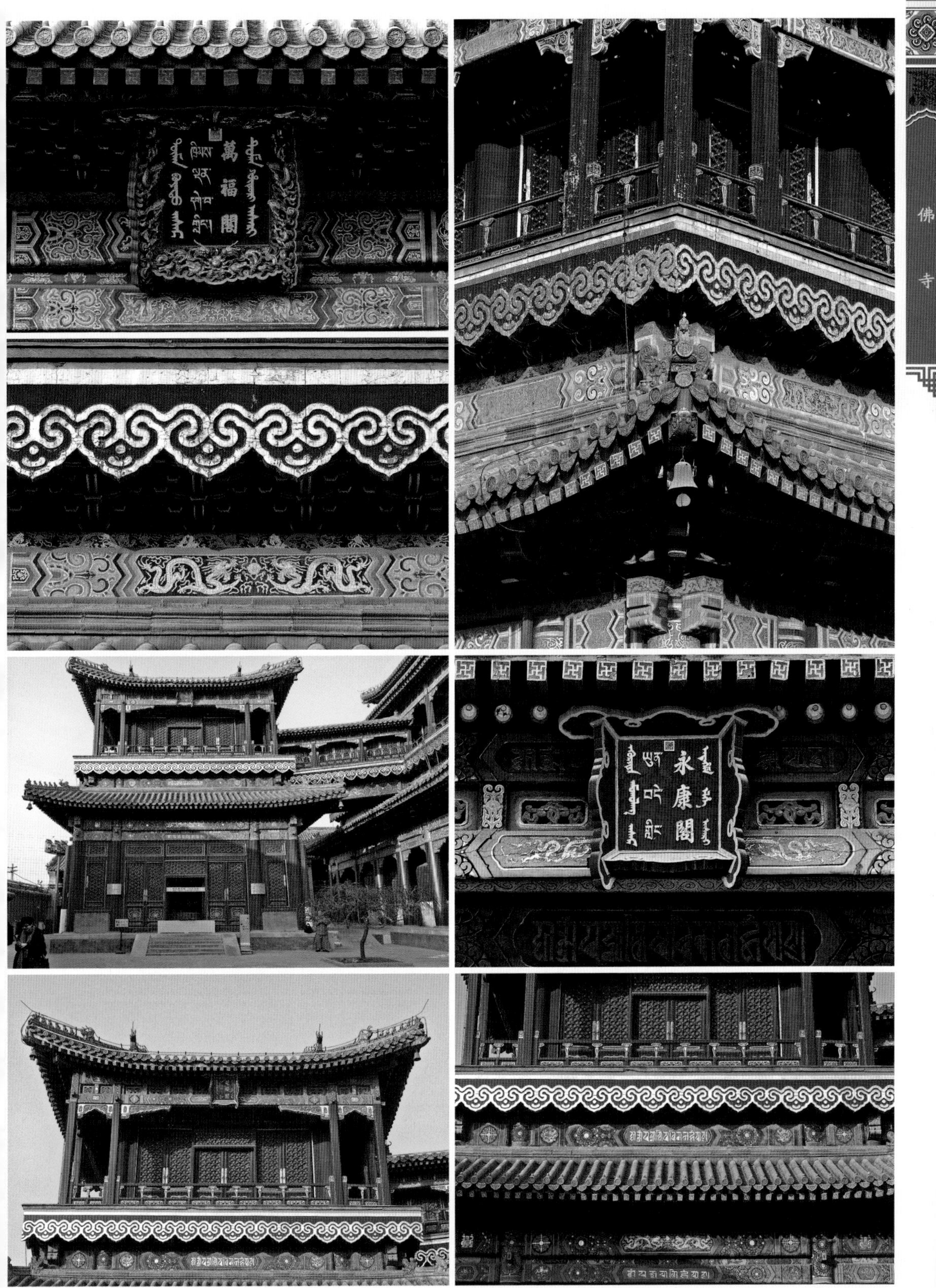
萬福閣
永康閣

北京圆明园正觉寺

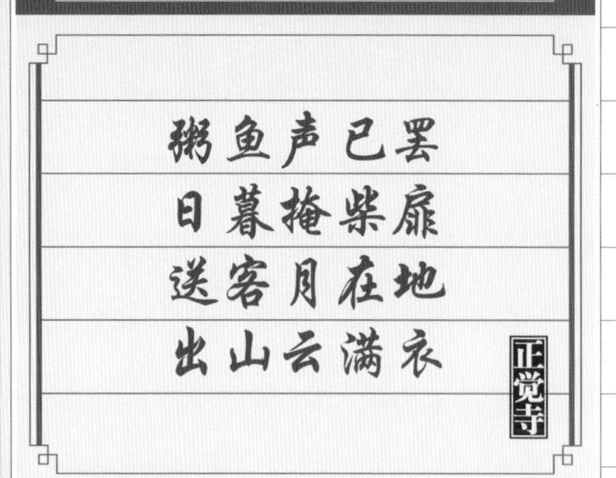

粥鱼声已罢
日暮掩柴扉
送客月在地
出山云满衣
正觉寺

正觉寺是圆明园历史的见证样本，它的格局完整、清晰，细部构造明确，真实地反映了清代古建筑的组群关系、布局、材料及做法等工程技术，是研究清代中期建筑风格的重要依据。寺内所有建筑均为官式做法，屋檐上翘，屋顶为灰色，墙壁呈亮眼的朱红色，屋顶内檐则用人工手绘的玺彩画和旋子彩画等，花纹蓝绿相间、繁复精细。

历史文化背景

据清康熙《常州府志》载，正觉寺建于唐开元年间（713~742 年），初名开元寺，乃大夫李遵旧宅，寺内旧有铜模唐明皇像。宋代改名为正觉寺。清朝乾隆三十八年（1773 年），乾隆帝为“兴黄教以安蒙古”，乃重修藏传佛教寺院正觉寺。当时，正觉寺成为理藩院管理的满族藏传佛教寺院之一，也是北京 9 座满族藏传佛教寺院之一。清朝载于《理藩院则例》的满族藏传佛教寺庙共有 6 座，分别为东陵隆福寺、西陵永福寺、香山宝谛寺、圆明园正觉寺、功德寺、承德殊像寺。

1860 年，圆明园遭英法联军洗劫；1900 年，圆明园又遭八国联军破坏。在这两次劫难中，正觉寺因位于圆明园园墙外而幸免，最终成为圆明园内残存的完整度最高的建筑群，寺内还存有圆明园唯一残留的古树群。1900 年前后，正觉寺曾一度被义和团占用。八国联军占领北京时，寺内部分门窗及佛像被驻在该寺南边的朗润园（今属于北京大学）的德军毁坏。民国初年，正觉寺被颜惠庆购买并当作私人别墅，寺内喇嘛被遣散，佛像被拆除，建筑进行了改造。后来，正觉寺被转售给清华大学当作教职员工宿舍。1970 年起，占用正觉寺的海淀机械厂（今北京长城锅炉厂）等单位又拆改了寺内的古建筑。到 2002 年正觉寺复建之前，正觉寺的建筑中仅剩山门、文殊亭、4 座配殿和 26 棵古树。

1990 年开始，正觉寺的保护受到国家文物局、北京市文物局、圆明园等单位的关注。2000 年 7 月，寺内的 25 位居民被搬迁，并拆除了寺院范围内非古建筑 1026.42 平方米。2001 年底，使用正觉寺的长城锅炉厂拆迁。2002 年，启动了正觉寺的保护、修缮及复建工作。在圆明园建筑中，正觉寺是迄今为止唯一获得文物保护部门批复而整体复建的古建筑群。2011 年 7 月 6 日，正觉寺复建保护工程全面竣工，首次对公众试开放。

建筑布局

正觉寺位于圆明园三园之一的绮春园正宫门之西，它与绮春园既有后门相通，又独成格局，单设南门，实际上是清帝御园圆明园附属的一座喇嘛庙。其占地面积 1.43 万平方米，建筑面积 3 649 平方米，建成后由两名喇嘛住持，寺内设僧房八座 22 间，包括正觉寺山门、钟鼓楼、天王殿、五佛殿、三圣殿、文殊亭、六大金刚殿、最上楼等建筑，是一个封闭的长方形建筑群。正觉寺山门外檐刻有“正觉寺”三字，为乾隆御书，集汉、满、藏、蒙 4 种文字合璧。

进山门后的一进院内钟鼓楼分列两边，与其

他庙宇的格局没什么区别。天王殿位于中间，单檐歇山顶建筑，面阔五间，单翘单昂五踩斗拱，金线大点金龙锦枋心旋子彩画，六字真言无塑天花。

二进院的三圣殿为重檐歇山顶式建筑，面阔七间，进深三间，前后有廊，后接抱厦三间，建筑面积900平方米。首层单翘单昂五踩千拱，二层单翘重昂七踩斗拱，金龙和玺彩画，六字真言天花。

三进院的中间是文殊亭。它为八方重檐亭，外檐匾上有“文殊亭”三个字。该亭又称殊像阁、文殊阁。据记载，文殊阁内奉有文殊菩萨骑青狮之像，总高二丈有余。文殊菩萨像及其背光均为木制包金，下乘白玉石台。最上楼有后楼七间，楼东西各三间顺山殿。最上楼供佛五尊，法身连座通高1.02米。最上楼、三圣殿前各有东西配殿五间，周围的廊房为喇嘛住所。

设计特色

正觉寺是圆明园历史的见证样本，它的格局完整、清晰，细部构造明确，真实地反映了清代古建筑的组群关系、布局、材料及做法

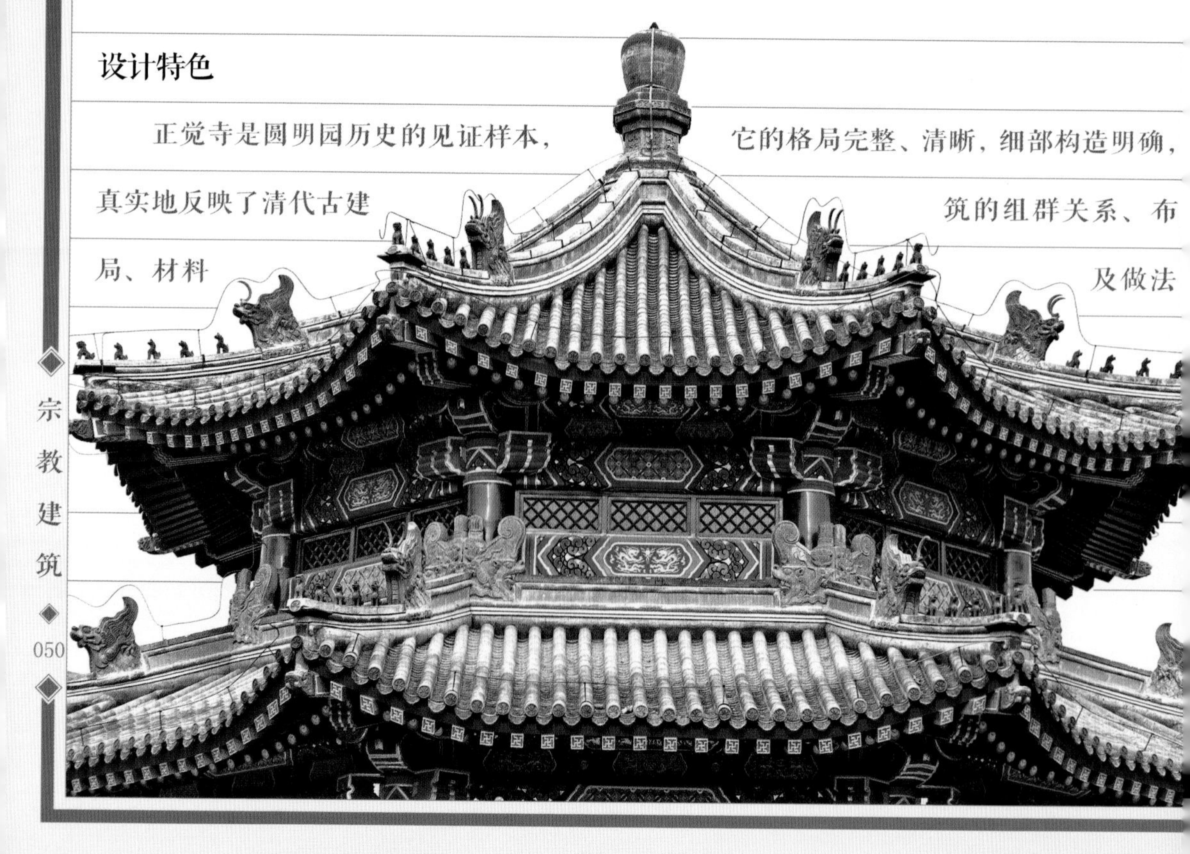

等工程技术，是研究清代中期建筑风格的重要依据。寺内所有建筑均为官式做法，屋檐上翘，屋顶为灰色，墙壁呈亮眼的朱红色，屋顶内檐则用人工手绘的玺彩画和旋子彩画等，花纹蓝绿相间、繁复精细。如新建的天王殿是单檐歇山式建筑，面阔五间，建筑面积约202平方米，有单翘单昂五踩斗拱和金线大点金龙锦枋心旋子彩画。

【史海拾贝】

义和团，又称义和拳。义和团运动又称“庚子事变”，是19世纪末发生在中国的一场以“扶清灭洋”为口号，针对西方在华人士包括在华传教士及中国基督徒所进行的大规模群众暴力运动。义和团运动对打击帝国主义列强起到了一定的作用，同时也一定程度上促进了中国人民群众的觉醒。但是其运动具有笼统排外色彩和愚昧与残暴，加上本身农民运动的缺陷性和盲目性使其被清政府利用，后被抛弃并走向了失败，成为八国联军入侵的导火索。八国联军攻占北京后兵分数路，向南进犯保定，向西进犯山西，向北进犯张家口和山海关，所到之处烧杀抢掠，在中国犯下了滔天罪行：屠杀、抢劫、凌辱妇女等。为了收拾残局，清廷启用庆亲王奕劻及李鸿章与外国列强谈判。经过谈判，1901年，清廷最终与十一国签订了丧权辱国的《辛丑条约》。

灭火器箱
FIRE ALARM

灭火器箱
FIRE EXTINGUISHER BOX
火警119
FIRE-ALARM

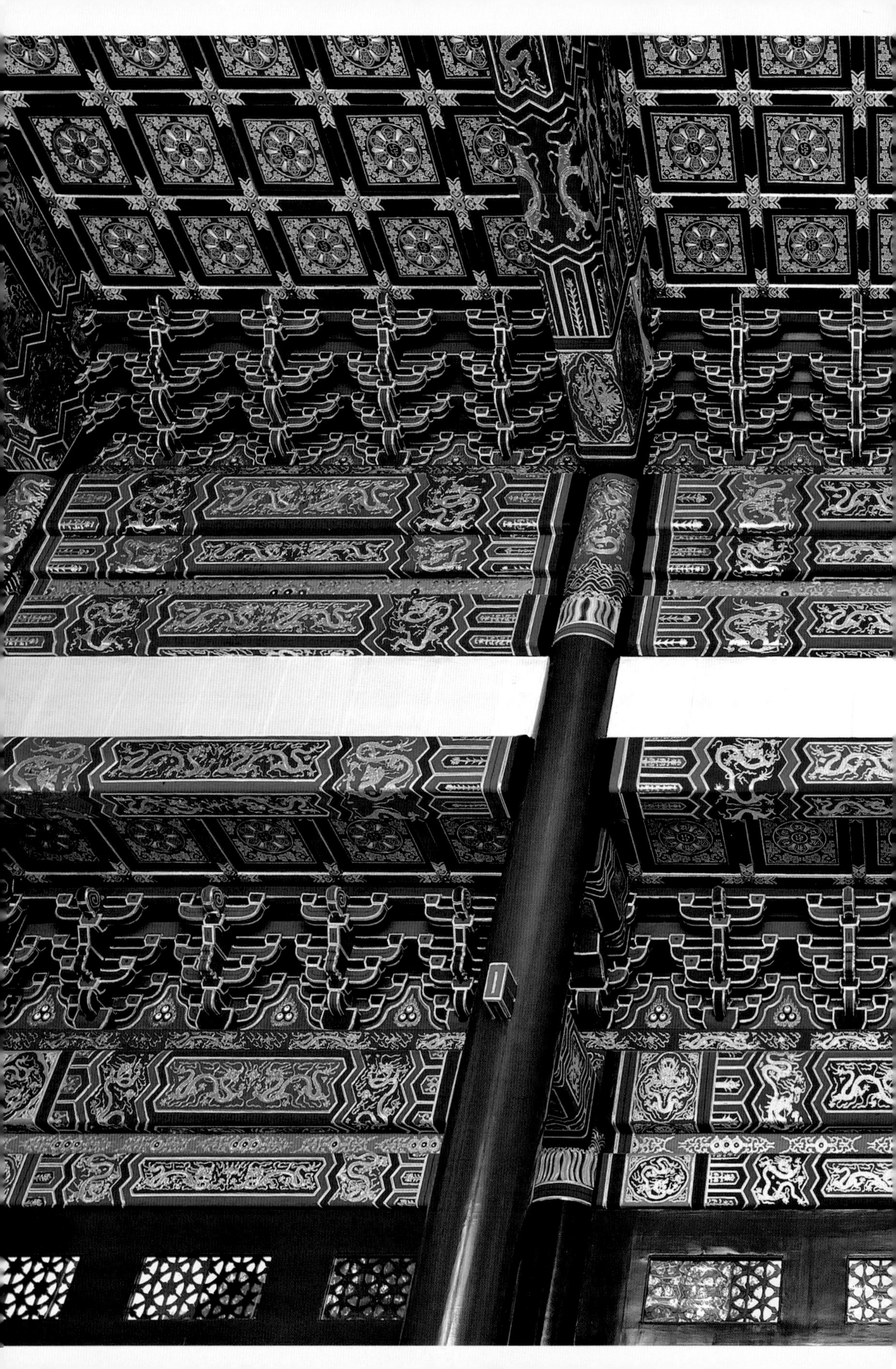

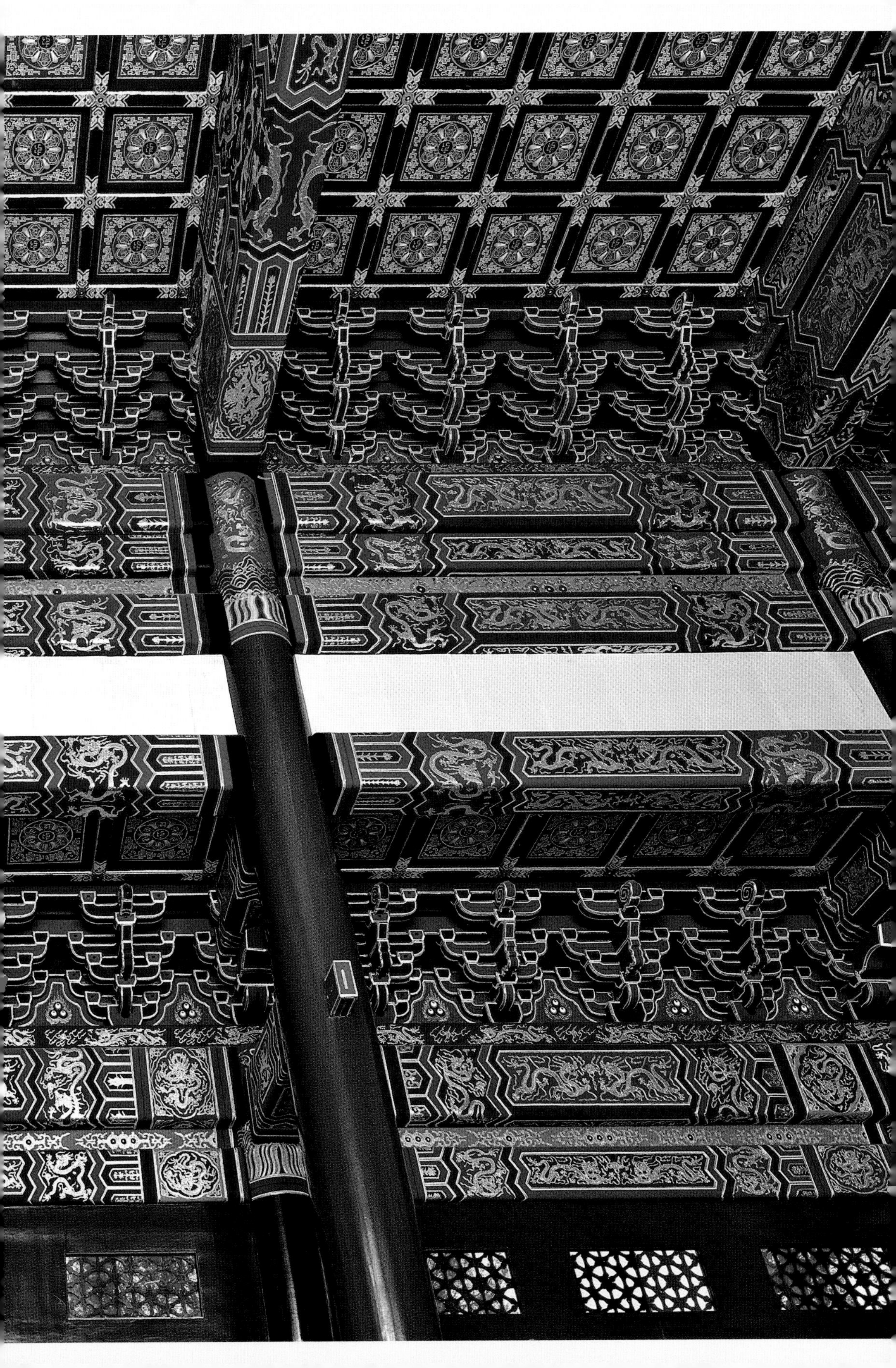

灭火器箱
FIRE-ALARM

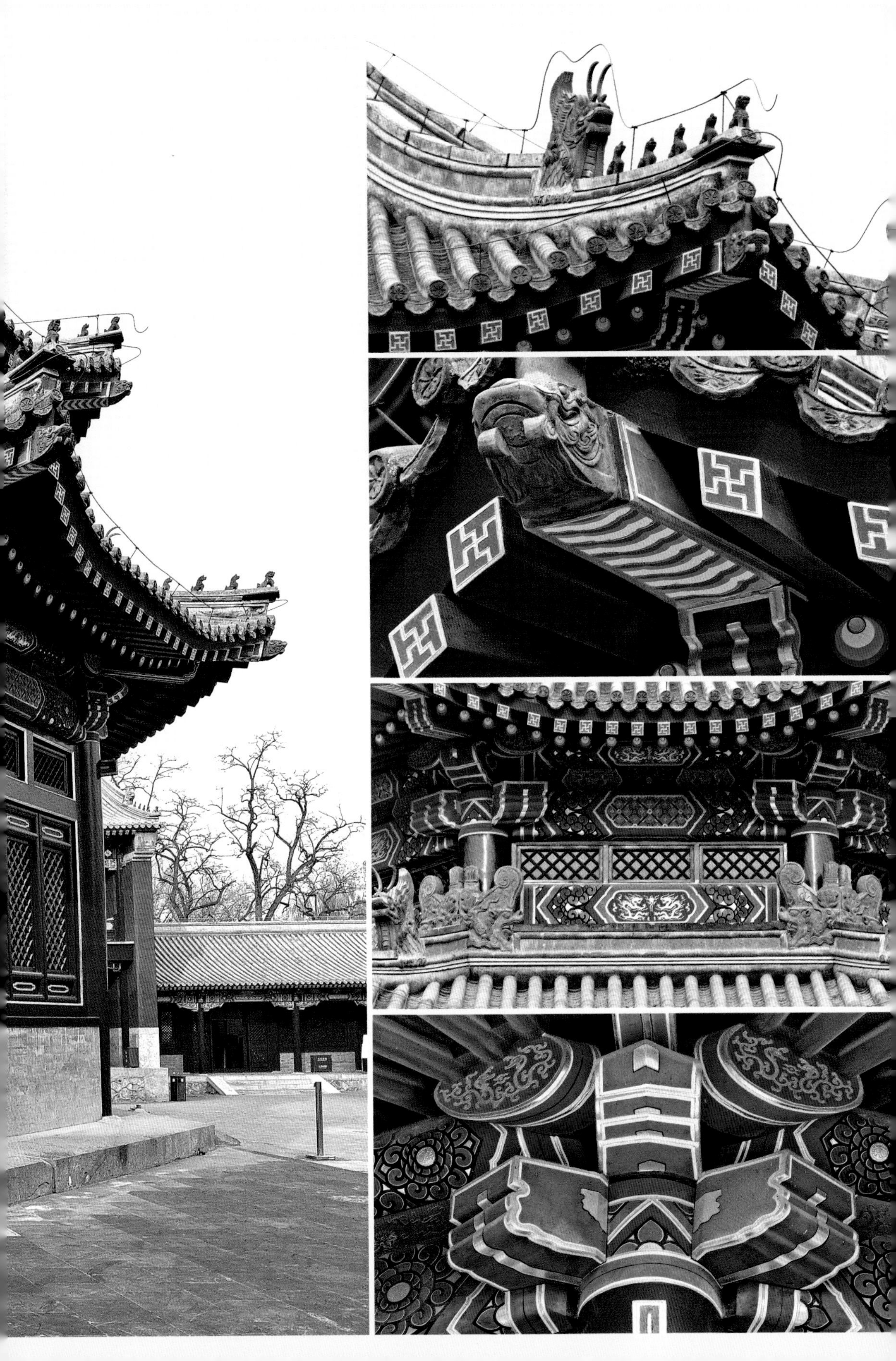

北京广济寺

敕建弘慈广济寺
信有因缘无所失
永恒世界念不灭
圆通救苦世人知

广济寺

广济寺坐北朝南，保持了明代格局，分三路，中轴线上依次为山门、钟鼓楼、天王殿、大雄宝殿、观音殿、藏经阁，西院有持梵律殿、戒台、净业堂和云水堂，东院有法器库和延寿堂等。寺内珍藏许多珍贵文物，如明代三世佛及十八罗汉造像、康熙时建的汉白玉戒台、乾隆年间的青铜宝鼎等。广济寺还供奉着不少明清时期的佛像，寺内还收藏不少珍贵的佛教经卷、碑刻等文物。

历史文化背景

广济寺位于北京城内西城区阜成门内大街 25 号，占地面积 23 000 平方米。广济寺始建于宋朝末年，当时名“西刘村寺”。明天顺初年（1457 年）重建，成化二年（1466 年）宪宗皇帝下诏命名“弘慈广济寺”。明万历十一年（1583 年）、清康熙三十八年（1699 年），又两次重建。1931 年寺院失火焚毁，1935 年重建。新中国成立初期，政府拨款将全部寺舍修复，1953 年立为中国佛教协会会址。1972 年和 1976 年，广济寺又进行了两次全面修缮，使之得以保存古寺原貌。1984 年，其被公布为北京市文

物保护单位。2006 年 5 月 25 日，广济寺作为清代古建筑，被国务院批准为第六批全国重点文物保护单位。

寺内珍藏许多珍贵文物，如明代三世佛及十八罗汉造像，康熙时建的汉白玉戒台，乾隆年间的青铜宝鼎等。广济寺还供奉着不少明清时期的佛像，寺内还收藏不少珍贵的佛教经卷、碑刻等文物。广济寺珍藏的佛教经典十分浩繁，仅图书室就有用 23 种文字所作，数量达 10 多万册的佛教经典著作，仅收藏的《大藏经》就有 12 种版本，是研究中国佛教发生、发展和演变的重要史料，也是中国传统文化的重要组成部分。

建筑布局

寺坐北朝南，保持了明代格局，分三路，中轴线上依次为山门、钟鼓楼、天王殿、大雄宝殿、观音殿、藏经阁，西院有持梵律殿、戒台、净业堂和云水堂，东院有法器库和延寿堂等。

【史海拾贝】

在北京，广济寺被称为求姻缘、求爱情最灵验的地方之一。传说，在宋朝末年，这里住着一个体弱多病的老大娘，她与自己的独女相依为命，生活过得很是艰辛。但这个女儿乖巧懂事，十分能干，颇受乡里乡亲的喜爱。眼见唯一的女儿出落得俏丽明艳，已经快到婚嫁年龄了，这老大娘不由得伤心起来，若是把女儿嫁出去，自己的后半生由谁来照顾呢？可是她又不想因为自己而耽误女儿一辈子的幸福。思来想去，老大娘觉得自己是女儿的累赘，于是就在夜里离家出走了。这姑娘在天亮后发现娘亲不见了，便知道事情不好，于是请邻居帮忙一起去找人。但不幸的是，大家发现这位大娘在村口的一棵大槐树上吊死了。女儿思念母亲，整日痛哭不止，并说愿意用自己的性命换取母亲的命。

那天，观音菩萨恰好经过这里，听见这悲悲切切的哭声，心中十分难过。她知晓这家女儿是个善良孝顺的好姑娘，便救活了这位大娘，并说这姑娘以后必定会嫁到一个大富之家。不久后，果然有户大富人家的长辈前来提亲，他们知道这家的女儿相貌出众、品行难得，于是下了聘礼，并要将这位老大娘接到自己家里，让她安享晚年。村里的人都说，到底还是好人有好报，在这家女儿出嫁之后，人们便在这里盖起了寺庙，其中还供奉了一尊观音圣像。这家的女儿经常过来燃香礼佛，祈求一家人平安幸福。以后那些求家庭和睦、求婚姻幸福的人也来这里烧香拜佛，而来这里祈求过的人们，他们的婚姻生活还真挺不错的呢！

毘盧性海
勅建弘慈廣濟寺
阿

殿

天
火警119
FIRE ALARM

鼓樓
鼓樓

鐘樓

【大雄宝殿】

大雄宝殿是寺中正殿，面阔五间，黄琉璃瓦单檐歇山顶，殿脊正中有华藏世界海，俗称香水海，整体呈山形，由下往上依次为琉璃砖烧制的水纹、莲花、梵文等，象征永恒世界，不生不灭，此种殿脊为北京其他寺庙所无。殿内正中供三世佛，东西两侧供置于佛龛之内的铜制十八罗汉。殿前有月台，带汉白玉护栏，台前三出陛。

大雄殿

【圆通殿】

大雄宝殿后为圆通殿，供奉着观音菩萨。因观音菩萨广大圆满，闻声救苦救难，耳根圆通，故曰：圆通。殿中正座是大悲圣观音菩萨像。西侧一尊是元代铜观自在菩萨；东边一尊是明代多罗菩萨，即藏传佛教所称的度母。这个殿的东边墙上有延生普佛红色牌位，为信众消灾解厄、普佛祈求所设；西边墙上有黄色往生牌位，是专为亡故之人超度往生设立。

登菩提路

入般若门

舍利閣

北京潭柘寺

潭柘寺前帝王树
至今车盖尚童童
千年王气消沉尽
香火空繁三月中

潭柘寺

潭柘寺规模宏大，是北京最古老的一座寺庙。殿堂随山势高低而建，错落有致，建筑保持着明清时期的风貌，是北京郊区最大的一处寺庙古建筑群。整个建筑群充分体现了中国古建筑的美学原则，以一条中轴线纵贯其中，左右两侧基本对称，使整个建筑群显得规矩严整、主次分明、层次清晰。其建筑形式多种多样，有殿、堂、阁、斋、轩、亭、楼、坛等。

历史文化背景

潭柘寺位于北京西部门头沟区东南部的潭柘山麓，距市中心30余千米。潭柘寺寺内占地面积25 000平方米，寺外占地面积112 000平方米，再加上周围由潭柘寺所管辖的森林和山场，总面积达1210 000平方米以上。

潭柘寺始建于西晋永嘉元年（307年），是佛教传入北京地区后修建最早的一座寺庙。始创时规模不大，名叫“嘉福寺”。唐代武则天万岁通天年间（696~697年），佛教华严宗高僧华严和尚来潭柘寺开山建寺，持《华严经》以为净业，潭柘寺成为幽州地区第一座确定了宗派的寺院。唐代会昌年间（840~846年），唐武宗李炎崇信道教，在道士赵归真和权臣李德裕的怂恿下，唐武宗下令在全国排毁佛教，潭柘寺也因此而荒废。

金代，禅宗在中都（今北京）地区有了很大的发展，潭柘寺先后出现了数位禅宗大师，大大提高了寺院的声誉。金熙宗完颜亶于皇统元年（1141年）到潭柘寺进香礼佛，并拨款对潭柘寺进行了整修和扩建，这是第一位到潭柘寺进香的皇帝，使后代皇帝争相效仿，这对于进一步提高潭柘寺的地位，繁盛寺院香火，都起到了极大的推动作用。金熙宗将当时的寺名龙泉寺改为“大万寿寺”，又拨款对潭柘寺进行了大规模的整修和扩建，开创了皇帝为潭柘寺赐名和由朝廷出资整修潭柘寺的先河。

明代从太祖朱元璋开始，历代皇帝及后妃大多信佛，多次由朝廷拨款，或由太监捐资对潭柘寺进行整修和扩建，使潭柘寺确立了今天的格局。明朝皇帝几次对寺院赐名，因而寺名多次更改。明宣宗曾赐名“龙泉寺”。天顺元年，明英宗“敕改名嘉福寺”。

清康熙二十五年（1686 年），康熙皇帝降旨，命阜成门内广济寺的住持，与自己相交多年著名的律宗大师，震寰和尚为潭柘寺的钦命住持。康熙三十一年（1692 年），康熙皇帝亲拨库银 1 万两，整修潭柘寺。历时近两年，整修了殿堂共计 300 余间，使这座古刹又换新颜。康熙三十六年（1697 年），康熙皇帝二游潭柘寺，亲赐寺名为“敕建岫云禅寺”，并亲笔题写了寺额，从此潭柘寺就成为了北京地区最大的一座皇家寺院。但因寺后有龙潭，山上有柘树，故民间一直称为“潭柘寺”。

“文革”期间，潭柘寺受到了空前的浩劫，文物遭到了严重的毁坏和流失，建筑也受到了损坏，因而于 1968 年底被迫关闭，停止开放。1978 年，北京市政府拨款，重修潭柘寺。这次重修不仅整修了殿堂，重塑了佛像，而且还修建了旅游服务设施。1980 年 7 月，潭柘寺进行试开放，8 月 1 日正式对游人开放。1997 年初，潭柘寺恢复宗教活动。2001 年 6 月，国务院确定潭柘寺为全国重点文物保护单位。

建筑布局

潭柘寺坐北朝南，背倚宝珠峰，周围有 9 座高大的山峰呈马蹄形环护，宛如在 9 条巨龙的拥立之下。殿堂随山势高低而建，错落有致，北京城的故宫有房 9999 间半，潭柘寺在鼎盛时期的清代有房 999 间半，俨然故宫的缩影，据说明朝初期修建紫禁城时，就是仿照潭柘寺而建成的。现潭柘寺共有房舍 943 间，其中古建殿堂 638 间，建筑保留着明清时期的风貌，是北京郊区最大的一处寺庙古建筑群。

建筑可分为东、中、西三路，中路主体建筑有山门、天王殿、大雄宝殿、斋堂和毗卢阁。东路有方丈院、延清阁、行宫院、万寿宫和太后宫等。西路有楞严坛（已不存在）、戒台和观音殿等，庄严肃穆。此外，还有位于山门外山坡上的安乐堂和上、下塔院以及建于后山的少师静室、歇心亭、龙潭、御碑等。塔院中共有 71 座埋葬僧人的砖塔或石塔。

山门外是一座 3 楼 4 柱的木牌坊，牌楼前有古松二株，枝叶相互搭拢，犹如绿色天棚，牌楼前有一对石狮，雄壮威武。过牌坊是单孔石拱桥，名“怀远桥”，过桥就是山门。

天王殿殿中供弥勒像，背面供韦驮像，两侧塑高约 3 米的四大天王神像。天王殿两旁为钟鼓楼，后面是大雄宝殿。宝殿面阔五间，重檐庑殿顶，黄琉璃瓦绿剪边，上檐额题“清静庄严”，下檐额题“福海珠轮”。正脊两端各有一巨型碧绿的琉璃鸱吻，是元代遗物，上系以金光闪闪的鎏金长链。殿内正中供奉硕大的佛祖塑像，神态庄严，后有背光，背光上雕饰有大鹏金翅鸟、龙女、狮、象、羊、火焰纹等。佛像左右分立“阿难”“伽叶”像，均为清代遗物。中轴线终点是一座楼阁式的建筑，名“毗卢阁”，高二层，木结构。站在毗卢阁上纵目远眺，寺庙及远山尽收眼底。

寺院东路由庭院式建筑组成，有方丈院、延清阁和清代皇帝的行宫院，主要建筑有万寿宫、太后宫等。院中幽静雅致、碧瓦朱栏、流泉淙淙、修竹丛生，颇有些江南园林的意

境。院内有流杯亭一座，名“猗轩亭”。

寺院西路大多是寺院式的殿堂，主要建筑有戒坛、观音殿和龙王殿等等，一层层排列，瑰丽堂皇。戒坛是和尚们受戒之处，台上有释迦牟尼像，像前有三把椅子，两侧各有一长凳，是三师七证的坐处。观音殿是全寺最高处，上有乾隆手书莲界慈航，内供观世音菩萨，敛目合什，隽秀端庄。

设计特色

潭柘寺建筑形式多种多样，有殿、堂、阁、斋、轩、亭、楼、坛等。其殿宇巍峨、庭院清幽，殿、堂、坛、室各具特色，楼、阁、亭、斋景色超凡，古树名木、鲜花翠竹遍布寺中，假山叠翠、曲水流觞相映成趣，红墙碧瓦、飞檐翘角掩映在青松翠柏之中，殿堂整齐、庄严宏伟。已故中国佛教协会会长赵朴初先生曾写联赞日：“气摄太行半，地辟幽州先。”

【史海拾贝】

妙严，元世祖忽必烈的女儿。忽必烈及其先祖父兄在大元帝国建立的征程中，统一蒙古诸部，征服辽金西夏，征灭宋朝，金戈铁马，驰骋大漠，纵横华夏，屠戮无数。妙严公主原是其中的一员战将，见惯血流成河、尸骨如山的场面。但对于这些她看在眼中，思在心头，对世间的屠戮甚至为争王位导致的骨肉相残，妙严公主更是感到十分痛心与厌倦。于是，妙严决意远离家族的富贵荣华，远离世间的宠辱喧嚣，遁入空门，伴随青灯古佛，在晨钟暮鼓、木鱼经卷中寻求一份虔诚与安宁，也算是为先祖父兄的杀戮赎罪。妙严公主为了替其父赎罪，而选择到潭柘寺出家。她每日在观音殿内跪拜诵经，“礼忏观音”，年深日久，竟把殿内的一块铺地方砖磨出了两个深深的脚窝。现今妙严公主“拜砖”依然供奉在潭柘寺的观音殿内，是潭拓寺极为珍贵的一件历史文物。后妙严大师终老于寺中，其墓塔位于寺前的下塔院。

天王殿
法

勅建岫雲禪寺
潭柘寺

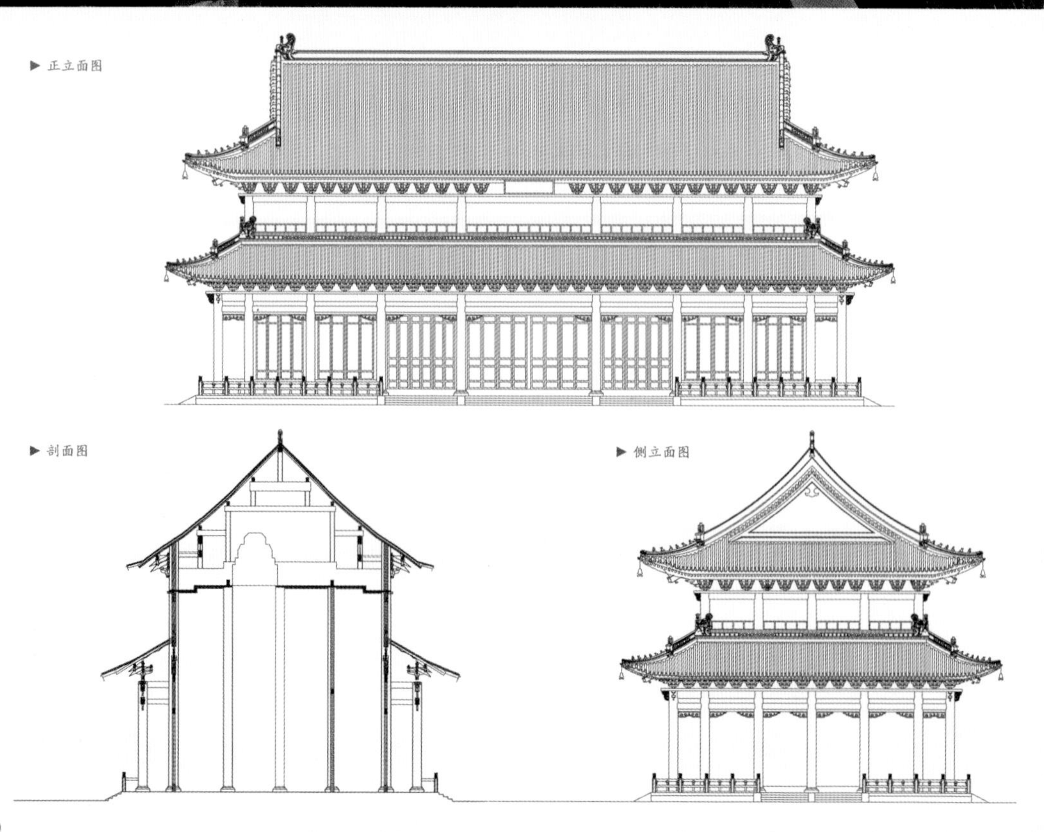
▶ 正立面图
▶ 剖面图
▶ 侧立面图

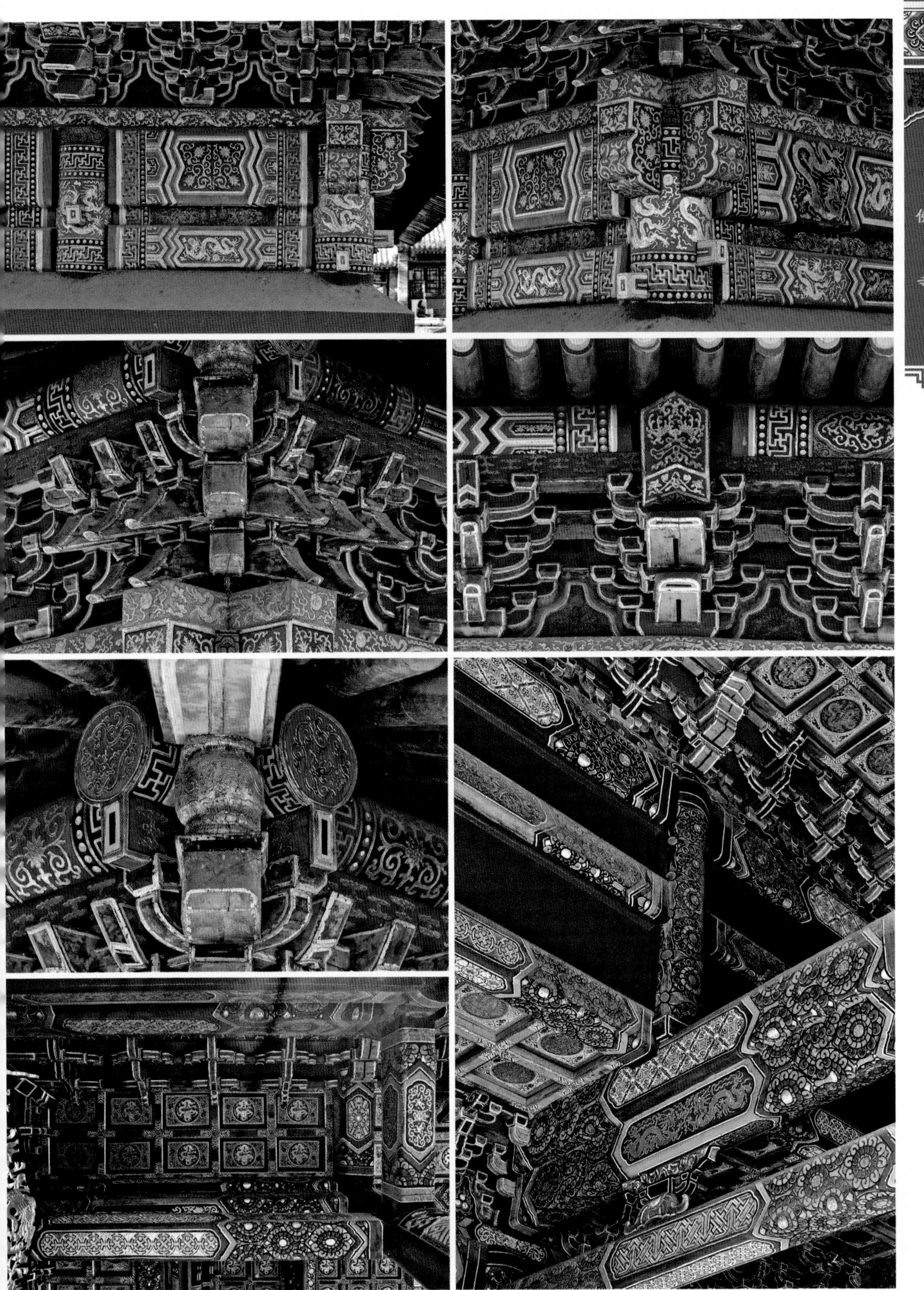

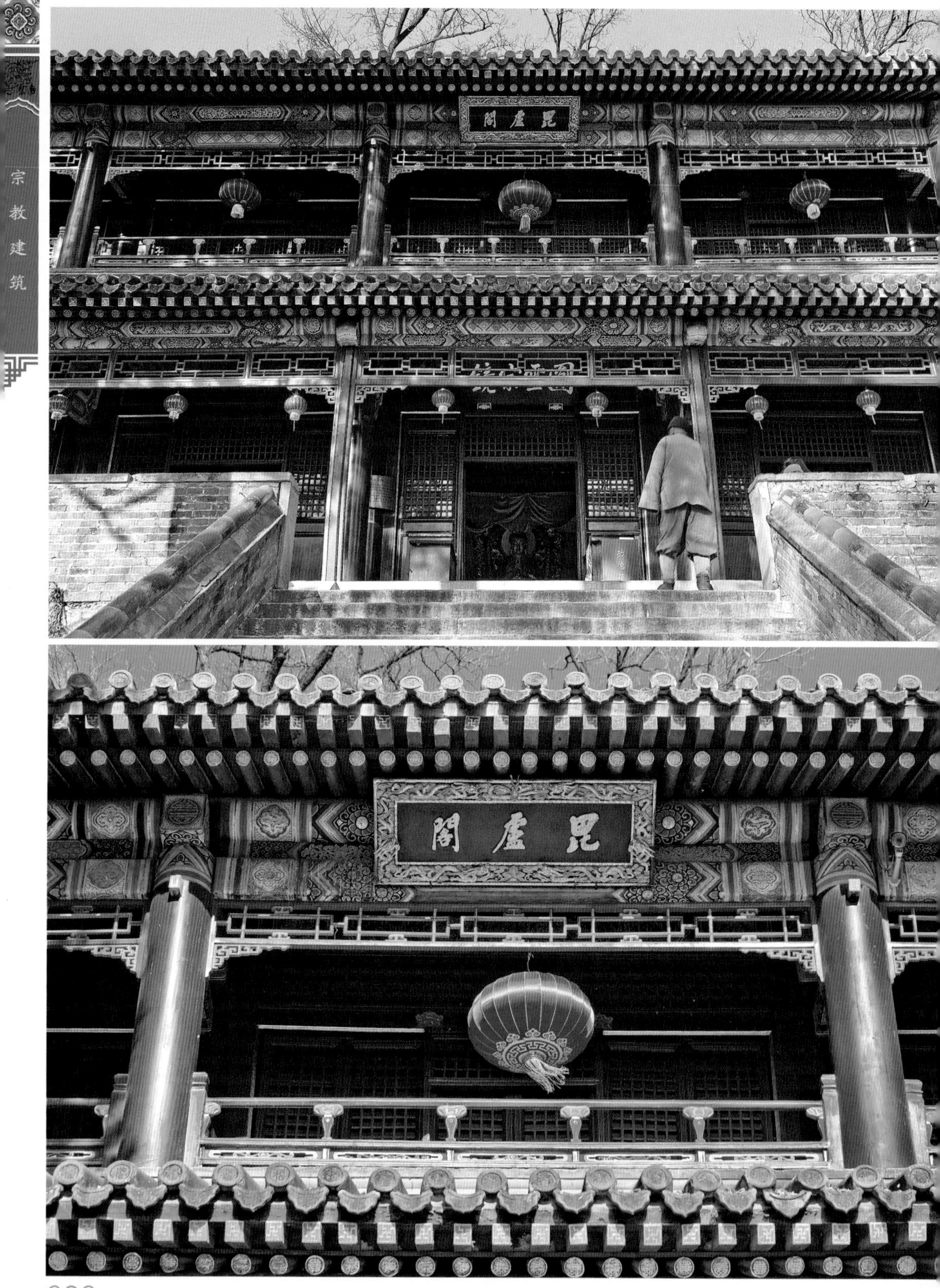
毘盧閣

觀音洞
蓮界慈航
蓮界慈航

猗玕亭

北京广化寺

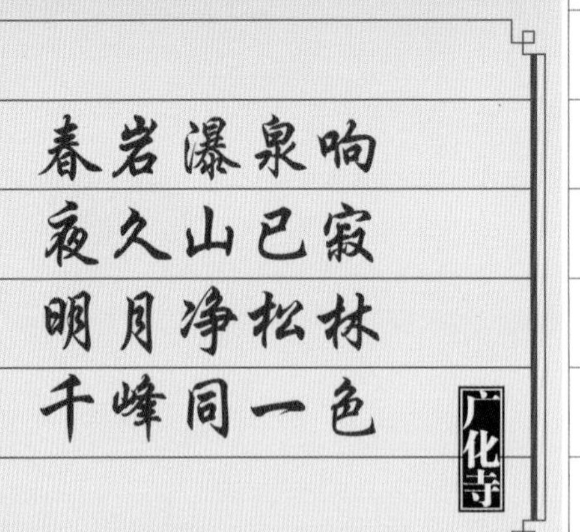

春岩瀑泉响
夜久山已寂
明月净松林
千峰同一色
广化寺

广化寺坐北朝南，占地面积10 000多平方米，殿宇329间。主要建筑分为五路，除了一般寺庙的中、东、西三路外，又在两旁增建东二路和西二路。整座寺庙建筑布局严谨，雕梁画栋，金碧辉煌。中院是全寺的主体建筑，正中依次分布着山门殿、天王殿、大雄宝殿、藏经阁等主要殿堂，两侧对称排列着钟楼、鼓楼、伽蓝殿、祖师殿、首座寮与维那寮。这些殿堂一起组成了广化寺的正院。

历史文化背景

广化寺位于北京市西城区什刹海北边的鸦儿胡同31号，坐落于什刹海后海的北岸，东邻银锭桥，西邻宋庆龄故居，是北京著名的汉传佛教寺院，也是北京市佛教协会所在地。全寺占地面积13 334平方米，拥有殿宇329间，共分中院、东院和西院三大院落。

广化寺大约建于元朝，据《日下旧闻考》援引《柳津日记》载："广化寺在日中坊鸡头池上。元时有僧居之，日诵佛号，每诵一声，以米一粒记数，凡二十年，积至四十八石，因以建寺。"但具体年代不详。另据明《敕赐广化寺记》碑载：元天顺元年（1328年），灵济号大舟"到庆宁寺住，至顺四年（1332年）在此寺住，发愿禁足二十年不出门，一心念佛……十年后成此大刹"。据此，广化寺的创始年代为1342年前后。

明清时期，广化寺"殿堂廊庑，规模宏大"，为京都有影响的佛刹。20世纪60年代，从大雄宝殿丹墀下发掘了两通断残石碑，一通是明弘治十年（1497 年）立的《敕赐广化寺记》碑，上面仅存的几句引文依稀可见，为研究广化寺的创建时期提供了宝贵的历史资料。另一通是《正宗记》，明成化二年（1466 年）建立，明万历二十六年（1598 年）重修，刻有“广化寺开山第一代住持灵济号大舟”至第五代住持圆环及其弟子一百多人的道号法名。

清道光年间（1821-1850 年）的《请书碑》中记载：广化寺“殿堂廊庑，规模宏大”，当时的住持广殊法师敦请自如和尚任方丈，从此，广化寺成为“十方寺”。自如方丈圆寂后，印法法师继任方丈。自道光六年（1826 年）始，历二十年，募资重修了殿堂僧舍。正如《道咸以来朝野杂记》所载：“后海北岸之广化寺，古刹中之新者。闻光绪庚年残败殊甚，后募化于恭邸，为之重修正院殿宇。”

清末民初，广化寺一度成为京师图书馆。1908 年，张之洞将个人藏书存放寺中，奏请成立京师图书馆。次年获准，清政府派缪荃孙主持建馆事务。中华民国成立后，教育总长蔡元培派江翰任京师图书馆馆长，次年开馆接待读者。不久迁馆它处，广化寺又恢复为佛教寺庙。

1927 年，玉山法师任广化寺住持。玉山法师注重修持，率领僧众遵守佛制寺规，实行禅净双重。寺内有“三不”制度：一不攀龙附凤；二不外出应酬佛事；三不私自募捐化缘。使广化寺名闻四海，有常住僧人 50 多人。

1938 年，在当时寓居广化寺的溥心畬居士的捐助下，玉山方丈主持重修了山门殿、天王殿、大雄宝殿、万佛阁（也称后楼）以及东西配殿、配楼。为广集资金，当时还邀请了知名书画家题字作画，在中山公园水榭展开义卖，得款捐助广化寺，使修复工程圆满成功。

1939 年，广化寺创办了广化佛学院，招收学僧数十人，聘周叔迦、魏善忱、修明、海岑、溥儒等佛教学者任教。

1947 年，当时的广化寺住持玉山和尚倡议、组织广化小学董事会，在广化寺庙内成立了广化小学，校长为修明和尚。修明和尚曾去法国留学，攻读文学专业，后因故出家当了和尚，1949 年后还一度出任大学教授，后来因为身体不好，又回到广化寺当和尚。广化小学开始办时只有两个初级班，当时免交学费，并为贫苦困难的学生提供书籍和学习工具。后逐渐健全为六年制的小学。

1952 年，北京市教育局接办广化小学，接管后，与私立崇实第二小学和竞业小学合并改为鸦儿胡同小学分校，成为第二批接管的市立小学。

1952 年 9 月，虚云法师来京驻锡广化寺，当时在京的佛教界人士李济深、叶恭绰、陈铭枢、巨赞及佛教徒纷纷前来参礼这位佛学大师、禅宗高僧，平静的广化寺一时称盛。“文革”前，广化寺仍作为佛教活动场所开放，基本保留着古刹旧观。“文革”中，广化寺佛

像遭到破坏，宗教活动也被迫停止，但《大藏经》及佛教文物都被封存起来，没有受到损坏。1957年为了保护古建，学校迁至广化寺后院的弥陀庵院内（鼓楼西大街63号）。

中共十一届三中全会以来，广化寺成为北京市佛教活动的重要场所之一。1983年，广化寺被列为汉族地区佛教全国重点寺院，也成为北京市佛教协会所在地。1986年，北京市佛教协会成立了文物组，对广化寺的经书、字画、碑拓、法物、瓷器进行整理、鉴别。2001年，广化寺进行了全面维修，主要建筑有山门殿、天王殿、大雄宝殿、藏经阁等四进殿堂，另有东西配殿、配楼，经过维修，殿宇油漆彩绘一新，各殿堂诸佛菩萨圣像重光金容，恢复了清净庄严的面貌。

2008年，广化寺在原址上结合什刹海的周边环境，完善寺院服务功能，并请求政府恢复放生池。重建历史规模的广化寺，为什刹海增光添彩。

建筑布局

寺坐北朝南，占地面积10 000多平方米，殿宇329间。主要建筑分为五路，除了一般寺庙的中、东、西三路外，又在两旁增建东二路和西二路。中路是全寺主体建筑所在，有山门殿、天王殿、钟鼓楼、大雄宝殿、藏经阁等；东路是由戒坛、斋堂、学戒堂等建筑组成的院落；西路的主要建筑有大悲坛、祖堂、法堂、方丈院等。山门三间，灰琉璃筒瓦单檐歇山顶，正中为白石雕花拱券门，门上悬“敕赐广化寺”金字匾。天王殿面阔三间，单檐庑殿顶，殿内供弥勒佛坐像及四大天王像。大雄宝殿建于高大石台基之上，殿前有平台与天王殿相通，平台两侧有明清石碑四座。大雄宝殿面阔五间，重檐歇山顶，殿内原供佛像已毁于“文革”期间，现供密宗大日如来佛像。藏经楼二层，灰瓦硬山顶，下为般若殿，上为藏经阁，两侧有合角楼及配殿。东路建筑仅东二路尚存二层殿，其他的都被拆改。西路相对保留较好，西一路和西二路均有二进院落存留。

五佛寶殿

佛法超三界非色非空
嚴福慧超十地以獨尊
道場徧十方无人无我

鐘樓
晨鐘驚醒世間名利客
佛號喚回苦海夢迷人
请香处

鼓樓
法雨花香禅院百生暉
暮鼓雷音聲遍三千界

普贤殿
药师殿

法堂
依正教轉法輪
爲衆生開智海

般若堂

北京智化寺

星汉回燕甸
河山绕蓟门
郑庄宾客盛
犹自足清尊

智化寺

智化寺坐北朝南，排列布局具有明代特点，在建筑风格上，虽经多次翻修，仍保存着宋代向明清过渡的明显特征，也是北京城内现存最大的明代建筑之一，是研究明代建筑的重要实例。该寺内最令人注目的是寺中主要殿宇红墙之处皆为黑琉璃筒瓦歇山顶，这在国内现存寺院中尚不多见。虽经历代多次修葺，但梁架、斗拱、彩画等仍保持明代早期特征。经橱、佛像及转轮藏上的雕刻，道劲古朴，艺术高超。

历史文化背景

智化寺位于北京市东城区禄米仓东口路北。明初司礼监太监王振于正统九年(1444年)仿唐宋“伽蓝七堂”规制而建，初为家庙，后明英宗赐名“报恩智化寺”。“土木之变”后，王振被抄家灭族，但寺因敕建得以保留。英宗复位后，于天顺元年(1457年)为王振在寺内建精忠祠，并塑像祭祀，康熙年间(1662～1722年)又加以重修。乾隆七年(1742年)，王振塑像被诏令毁去，并将为其歌功颂德的碑文磨去，寺由盛转衰，至光绪年间(1871～1908年)，寺内建筑已破败不堪。

1900年八国联军侵入北京后，寺遭破坏，既毁坏垣墙，又封闭佛殿。民国年间，寺日益破败，仅余房199间，甚至靠出租房屋来维持寺中生计。1938年曾对钟鼓楼、万佛阁、智化门等建筑进行修缮，但部分寺院被占用为啤酒厂。

1957年智化寺被定为市文物保护单位，1961年又公布为全国重点文物保护单位。1986～1987年，国家文物局、北京市政府先后拨款全面整修智化寺。1990 年，智化寺被北京市文物局定为私人收藏文物的展览窗口，1992 年全面开放。

2012 年 10 月 8 日，智化寺因古建修缮临时闭馆。此次修缮被列入《北京文物修缮保护利用中长期规划》2012 年度修缮计划，是市政府每年投入 10 亿元用于文物保护专项资金所支持的重点项目之一。本次修缮工程也是智化寺历史上较大规模的一次修缮，主要对智化寺如来殿和万佛阁建筑的受损部分进行了修复；对建筑结构移位的部分进行了拨正归安；对彩绘剥落的地方进行了修补。

建筑布局

智化寺坐北朝南，排列布局具有明代特点，在建筑风格上，虽经多次翻修，但仍保存着宋代向明清过渡的明显特征，也是北京城内现存最大的明代建筑之一，是研究明代建筑的重要实例。寺中原有房数百间，占地面积约 20 000 平方米，原有中路五进院落，及东跨院后庙和西跨院方丈院。现中路仍保留山门、钟鼓楼、智化门、智化殿、万佛阁和大悲堂等建筑，东跨院为小学所占用，西跨院为民居。

山门在智化寺最南边，砖砌仿木结构，拱券门，黑琉璃筒瓦单檐歇山顶，面阔三间，进深一间，通宽 7.1 米，门额上有石刻“敕赐智化寺”，山门前有石狮一对。

山门之内为钟鼓楼，分列东西，形制相同，黑琉璃筒瓦歇山顶，面阔、进深均为 7.1 米，下层为拱券门，单昂三踩斗拱，上层四壁为木障日板，四出门，单昂三踩斗拱。

钟鼓楼北边为智化门，又称天王殿，黑琉璃筒单檐瓦歇山顶，面阔三间，进深两间，通面宽 13 米，进深 7.8 米，单昂三踩斗拱，南北均为障日板壶门式门棚，南面门棚上悬华带匾“智化门”，殿前有石碑两座。

智化殿在智化门之北，为寺院正殿，黑琉璃筒瓦歇山顶，井口天花，面阔三间，宽 18 米，进深 14.5 米，重昂五踩斗拱，殿后有灰瓦悬山卷棚顶抱厦一间。智化殿前有东西配殿，东为大智殿，西为藏殿，形制相同，黑琉璃筒瓦单檐歇山顶，面阔三间，进深两间。智化殿后有一黑琉璃瓦庑殿顶重楼，上层为万佛阁，下层为如来殿。万佛阁面阔三间，进深三间，单翘重昂七踩斗拱，上下层墙壁上遍饰佛龛，原置小佛像 9 000 余尊，故上檐榜书万佛阁，但现佛像缺损很多。如来殿因殿内供如来而得名，面阔五间，进深三间，单昂单翘五踩斗拱，殿三面为砖壁，南面为隔扇门窗，东北、西北角有楼可上楼。殿前原有月台，后因积土被掩埋地下。

大悲堂在万佛阁北，黑琉璃筒瓦单檐歇山顶，单昂三踩斗拱，面阔三间，进深两间，通宽 16 米，通进深 8.6 米。万法堂，在大悲堂北，面阔三间，硬山布瓦卷棚顶，居全寺最北。

设计特色

该寺内最令人注目的是寺中主要殿宇红墙之外皆为黑琉璃筒瓦歇山顶，这在国内现存寺院中尚不多见。虽经历代多次修葺，但梁架、斗拱、彩画等仍保持明代早期特征。经橱、佛像及转轮藏上的雕刻，道劲古朴，艺术高超。明清琉璃瓦等级中黑色排在黄色和绿色之后，但在使用中又略有区别：明皇家寺院、敕建寺院，主要使用黑琉璃瓦；清皇家寺院、敕建寺院，则使用黄或绿琉璃瓦。寺院用黑色瓦覆顶，依据佛经而来。佛经上有“四种色”之说，“息灾为白”、“增益为黄”、“敬爱为赤”、“降伏马黑”，喻“地、水、火、风”之四大。黑者，像徵风大之色，风为大力之义；如来成道时，亦以风降伏恶魔。此义正与“智化”相对，上以“风”降伏恶魔，下以“智”度化众生。

【史海拾贝】

明代初期有规定，佛教寺院分为禅、讲、教三类，要求僧众分别专业修行佛法。智化寺属于禅寺，局临济宗门下，禅僧地位高于乐僧。当时乐僧只收 13 岁以下小孩做门徒，入寺之后，要学习七年音乐，学习期间每日练习听音、发音，必须在很窄的板凳上练习吹奏和打击姿态，直到能在寒冷冬天或酷热夏日下连续演奏 4 ～ 5 个小时，仍然韵真声满，字正腔圆，才算合格。经过严格训练的乐僧使智化寺音乐得以较为完整地流传到今天。智化寺初期住持皆由禅僧担任，以后乐僧地位提高，也可担任住持。

王振凭借独特的地位将明代的宫廷音乐带出宫院高墙，送进自己的私庙。由于智化寺具有太监寺院共同的封闭性，艺僧们按照十分严格的“口传心授”的方式代代传授，不与外界接触，明代寺院的音乐就相对完整地延续下来了。流传至今虽已有 500 年，但它仍然保存相对完整的明代迹风，堪称“中国音乐的活化石”。

智化寺音乐的记谱，采用的是中国古老的公尺谱方式，现今智化寺的乐谱已具有 500 多年的历史了。智化寺乐僧使用的乐器，与一般吹鼓手的不同，多为自己定制，笛音比一般曲笛要高；管沿袭宋制，仍九孔；笙是定做拾柒个全簧，与唐宋时流传的簧乐乐音恰好相符。智化寺云锣又称九音锣，为明成化年间制作，音色醇美，称得上是一件地地道道的文物。

敕赐智化寺
智化寺

敕赐智化寺

智化門

鼓樓

鐘樓

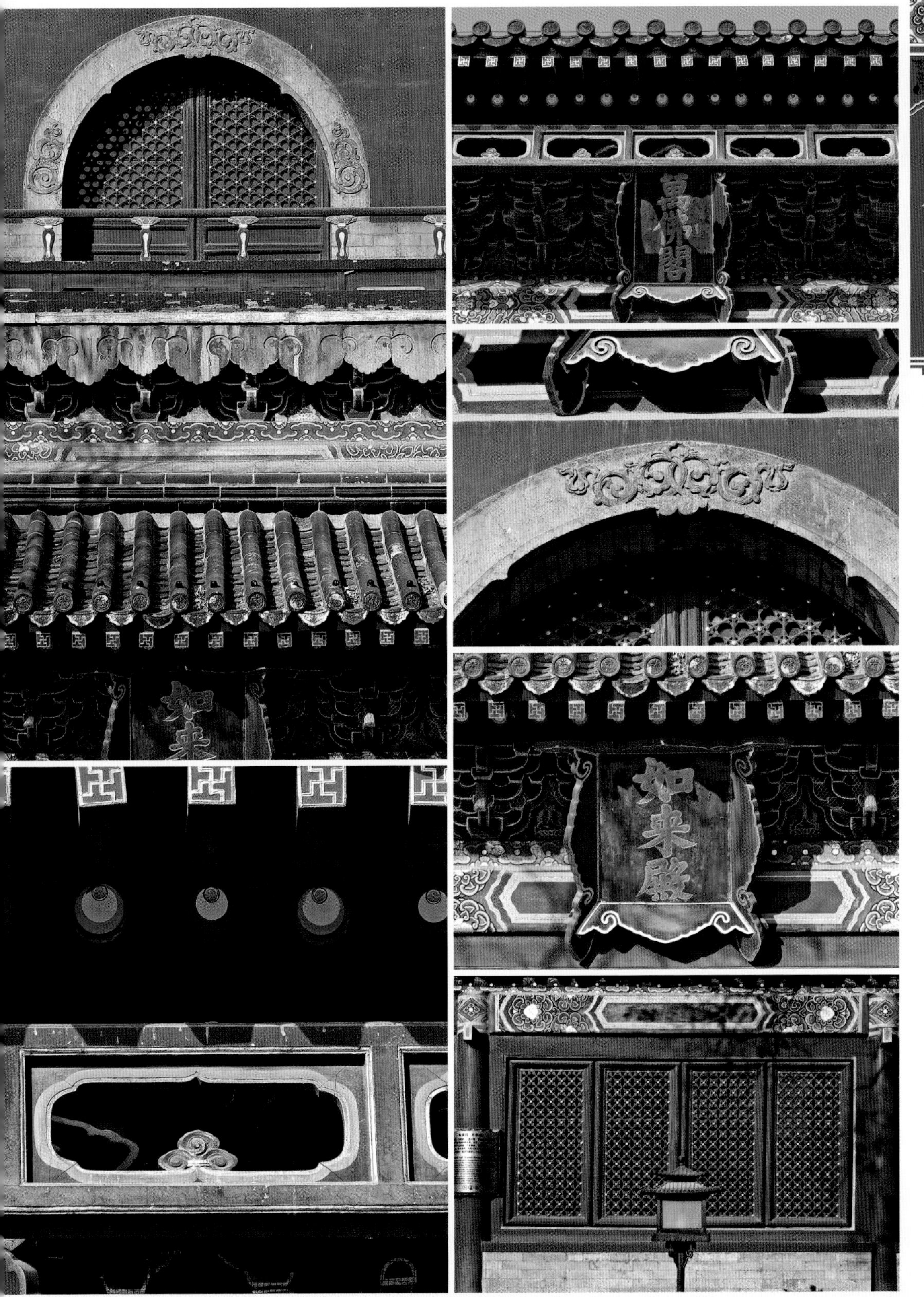
萬佛閣
如来殿

天津蓟县独乐寺

禅心远逐穿云磬
古迹空传没字碑
烟柳丝丝新绿嫩
即看拖地有长眉
独乐寺

独乐寺是中国仅存的三大辽代寺院之一，也是中国现存著名的古代建筑之一。整个建筑由台基、殿身、殿顶三部分组成。山门面阔三间，进深四间，上下为两层，中间设平座暗层，通高23米。寺内现存最古老的两座建筑物分别是山门和观音阁。全寺建筑分为东、中、西三部分：东部、西部分别为僧房和行宫，中部是寺庙的主要建筑物，由白山门、观音阁、东西配殿等组成，山门与大殿之间，用回廊相连结。

历史文化背景

独乐寺，又称大佛寺，位于中国天津市蓟县，是中国仅存的三大辽代寺院之一，也是中国现存著名的古代建筑之一。独乐寺虽为千年名刹，而寺史则比较渺茫，其缘始无可考。最早可追至唐代贞观十年（636年），安禄山起兵叛唐并在此誓师，据传因其“思独乐而不与民同乐”而得寺名。

明万历二十五年（1595年），进士王于陛督饷蓟州时独乐寺曾有过一次大规模修缮。

清乾隆十年（1745年），清高宗到访独乐寺，作诗《寄题独乐寺》，后又作《独乐寺——时命重修落成，路便临憩》一诗。在清代时，独乐寺一度成为禁地，平民不得入内。

辛亥革命以后，独乐寺复归还于民众。民国六年（1917年），划拨西院为师范学校，作为教育用途。

民国十三年（1924年），陕军来到蓟县，驻扎于独乐寺，是为寺内驻军之始。

民国十六年（1927年），北洋政府蓟

县保安队驻扎在独乐寺，对于独乐寺的装修有所损坏。民国十七年（1928 年）春，驻军阀孙部军队，民国十八年（1929 年）春才离开。

民国二十年（1931 年），全寺被划拨为蓟县乡村师范学校，包括观音阁、山门以及东西院座落。东西院及后部正殿皆改为校舍，而观音阁和山门则保存未动。

民国二十年（1931 年）5 月 29 日，日本学者关野贞驱车去往清东陵调查，途径蓟县县城时，无意间透过车窗发现路边有一座古老的建筑，于是便停车从旁门进入。偶然来到独乐寺的关野贞，一眼便认定这是非常古老的辽代建筑。同年，中国建筑学者梁思成亦有赴蓟县考察的计划。但由于行装甫竣、时局动荡而作罢。

民国二十一年（1932 年），梁思成到独乐寺调查的计划终于落成，调查后整理并发表的学术论文使独乐寺闻名海内外。

建筑布局

独乐寺占地总面积 16 000 平方米，山门面阔三间，进深四间，上下为两层，中间设平座暗层，通高 23 米。寺内现存最古老的两座建筑物分别是山门和观音阁，皆为辽圣宗统和二年（984 年）重建，其他都是明、清所建。全寺建筑分为东、中、西三部分，东部、西部分别为僧房和行宫，中部是寺庙的主要建筑物，由山门、观音阁、东西配殿等组成，山门与大殿之间，用回廊相连结。

设计特色

独乐寺建筑群是我国现存佛教寺院中以阁为主体的最早实物例证，历经30次地震考验仍安然无恙。独乐寺在我国建筑史上以“三最”著称。

第一“最”：寺内观音阁是我国现存最早的木结构高层楼阁式建筑，它主要靠斗拱支撑根据功能和位置的不同，共使用了24种、152朵斗拱。在内部配置了长方形井口、六角形井口和八角形的斗八藻井，特别是上顶斗八藻井的配置，为我国最早的“斗八藻井”实例

第二“最”：阁中观世音菩萨塑像是我国现存的最大古代泥塑之一，颇具艺术价值。阁内的5尊塑像均为独乐寺保存完好的辽代泥塑，承袭了唐代风格，又具有辽代早期的佛教艺术特征，为中国古代雕塑艺术之精品佳作。

第三“最”：寺中山门带鸱吻饰物的屋顶是我国现存最早的庑殿顶，独乐寺的山门是我国现存最早的庑殿顶山门。

【史海拾贝】

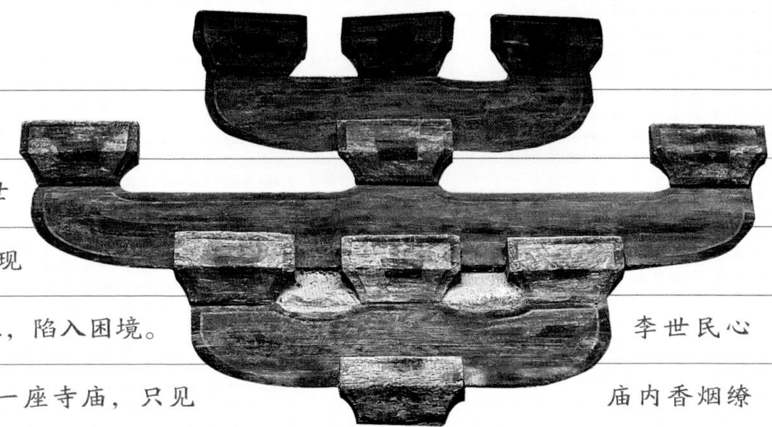

寺庙有一个关于“泥塑金身”的传说：唐太宗李世民东征高丽，路过渔阳（现蓟县）时，因粮草接济不上，陷入困境。李世民心中特别烦闷，无意中来到一座寺庙，只见庙内香烟缭绕，铜铸神像。李世民心中一动，便双膝跪倒，向神像祷告：“我李世民现率兵东征，路过此地，粮草不济，欲借神明贵体一用，待李世民班师之日，当以十倍金身奉还。”祈祷完毕，叩了三个头，随后命人搬倒神像，化成铜水，铸造钱币，以此解了燃眉之急。

东征还朝之后，此事却没人提起。倒不是李世民故意赖账，而是实有难处。当初因是急于借用铜像，并没细加考虑，便许诺以十倍金身奉还，如今细细一想，诺大一个金像，恐怕用光金库也不够。正当唐太宗为此事忧虑得寝食不安时，忽接大臣魏征的奏折，打开一看，原来正是催促皇帝还愿的。言语很是不恭，甚至有在责难皇上，上写“昔万岁东征，粮草困窘，曾于渔阳借一铜像，以筹粮草，并许诺神明，一旦班师，即以十倍泥塑金身奉还。今圣上回銮过载，未践前言，故敢奏闻。臣闻为人主者，上不可失信于天，下不可失信于民……” 李世民心里担忧，正怕被人说，一见魏征又来揭他的短，不由心内火起，但是他还是耐着性儿看看奏折，忽然发现“十倍泥塑金身”这几个字，不禁喜上眉梢，拍案称快。魏征所加“泥塑”二字，可真正解决了难题。于是李世民马上发下诏书，营建独乐寺，重塑观音像。

【山门】

山门是入寺的主要通道，面阔三间，进深两间，中间做穿堂，斗拱相当于立柱的二分之一，粗壮有力，为典型的唐代风格，是中国现存最早的庑殿顶山门。前两稍间是两尊辽代彩色泥塑金刚力士像，后两稍间是清代绘制的“四大天王”彩色壁画。正脊两端的鸱吻，造型生动古朴，为辽代原物。山门内有两尊高大的天王塑像守卫两旁，俗称“哼哈二将”，是辽代彩塑珍品。独乐寺山门正脊的鸱尾，长长的尾巴翘转向内，犹如雉鸟飞翔，是中国现存古建筑中年代最早的鸱尾实物。

琳宇近

觀音之閣
具足圓成
法遙傳古迹寶月常新
琳宇近神畿慈雲廣蔭

【观音阁】

过山门，穿庭院，一座雄伟的楼阁建筑平地崛起，巍然挺立，这便是主体建筑——观音阁。阁高23米，东西面阔五间，南北进深四间，从外表看是上下两层，其实还夹有一暗层，实为三层。高台之上，粗大的木柱分内外两周配置，外檐18根，内檐10根。它采用“侧脚”和“升起”手法，也就是4根角柱并非垂直竖立，柱头略向里倾，柱脚略向外出，而且角柱又比中柱稍高，这样可以防止楼阁外倾。阁内建造不同井口，暗层留长方形空井，四周出小平台可绕阁一周。上层做六角形空井，使空间明快、疏朗。这种两层空井的做法发挥了木结构建筑空间运用自如的优点，是观音阁设计的独到之处。

观音阁上层悬挂鎏金匾额“观音之阁”，传说是唐代大诗人李白所书。阁中间耸立着一尊16米高的观世音菩萨泥塑立像，因塑像头顶上还有10尊小头像，也称“十一面观音”。观世音塑像脸上微带笑容，衣带飘洒，自然生动。观音塑像两侧为“胁侍菩萨”，面部丰满，姿态优美，造型匀称，线条流畅，风格与唐代侍女画一脉相承。环顾观音阁下层四壁，壁画中有明代重描的“十六罗汉”和“二明王”像，每像均高3米有余，形象逼真，姿态各异。间绘神话故事、世俗题材和重修信士像，为元代绘制，明代重描、补绘。绘画以铁线描为主，人物造型准确，主像与背景采用以密托疏、以繁托简的手法渲染出一个超凡的世界，是中国壁画艺术中难得的珍宝。

【藻井】 藻井是常见于汉族宫殿、坛庙建筑中的室内顶棚的独特装饰部分。一般做成向上隆起的井状，有方形、多边形或圆形凹面，周围饰以各种花藻井纹、雕刻和彩绘。多用在宫殿、寺庙中的宝座、佛坛上方最重要部位。

【韦驮亭】

韦驮亭位于观音阁北面，高约5米，宽约4米，是一座明代修建的攒尖顶八角亭，亭内韦驮像高约3米，威猛庄严，甲胄鲜明，持降魔杆。韦驮原为古印度婆罗门教天部神，在佛涅槃时，捷疾鬼盗取佛牙一双，韦驮急追取回，后来便成为佛教中的护卫天神。亭内韦驮像，身着盔甲，表情肃穆，双手合十，怀抱金刚杵。据说韦驮的不同姿势对于行脚僧而言有着不同的意义，只要看见寺内的韦驮像双手合掌，表示寺庙里欢迎路过的和尚进去白吃白住；要是握杵拄地，表示寺庙不欢迎挂单和尚。

報恩院

大雄寶殿
幽閒自得清靜為脩
妄誕不生虛無視事

河北承德普宁寺

普宁千手正临堂
安享红尘缕缕香
一眼便知天下事
何需匍拜掩弥彰

普宁寺

普宁寺是乾隆年间修建的第一座寺庙，是一所汉藏结合的寺庙。前半部为汉式，具有汉族传统佛教寺庙的特征；后半部为藏式，仿西藏桑耶寺而建。两种不同风格的建筑融为一体，结合得相当完美。普宁寺的主尊佛像千手千眼观世音菩萨，是世界上最大木雕佛像，已被列入吉尼斯世界纪录。

历史文化背景

普宁寺，位于承德市避暑山庄北部武烈河畔，由于寺内有一尊世界上最大的金漆木雕大佛，故俗称大佛寺。普宁寺是联合国教科文组织确定的世界文化遗产，现为中国北方最大的藏传佛教活动场所。

普宁寺始建于乾隆二十年（1755 年），乾隆二十四年（1759 年）落成。乾隆十八年（1753 年），中国厄鲁特蒙古准噶尔部首领达瓦奇挑起民族动乱事端。乾隆二十年（1755 年）二月，清政府派兵 5 万分两路直进伊犁，一举取得平乱胜利。同年十月，乾隆在避暑山庄图库宴赉厄鲁特蒙古四部贵族。为纪念平息达瓦齐动乱的胜利和这次盛大集会，弘历效仿玄烨安定喀尔喀蒙古之后在多伦诺尔会盟建汇宗寺先例，决定按西藏图库三摩耶庙式修建此庙。

乾隆二十二年（1757 年），清政府又取得了平息准噶尔阿睦尔撒纳继达瓦齐之后的叛乱胜利，从而平息了准噶尔上层分子与中央政权的分裂活动，巩固了西北边防，维护了国家统一，实现了“臣庶咸愿安其居，乐其业，永永普宁”的安定局面，故此庙名之“普宁寺”。

清朝末年，普宁寺随着清政府的衰落而衰败。北洋军阀统治时期，军阀从这里盗走大量珍贵文物和佛像。抗日战争时期，日军从外八庙盗走大小金、银、铜佛143尊，殿内用品120件，匾额4块，丹珠尔经、甘珠尔经等13部，其中有的经籍用金字书写，珍珠装饰。

1948年承德解放，人民政府成立了外八庙管理处，对断壁残垣、满目疮痍的普宁寺进行维修和保护，对濒临倒塌的大乘阁等建筑进行落架修复，使之得以完好地保存下来。

1961年普宁寺被列为全国重点文物保护单位。1985年进驻喇嘛，作为宗教活动场所开放。1994年被联合国教科文组织批准为世界文化遗产。

建筑布局

寺庙坐北朝南，占地面积约33 000平方米，有殿堂、楼阁各类建筑29座，帝佛合一的格局，既有金碧辉煌皇家寺庙的宏大规模，又是佛门圣地“曼陀罗佛国世界的中心”。普宁寺平面布局严谨，分前后两部分，四进院落，主体建筑贯穿于中轴线上，呈纵深式对称格局。以金刚墙为界，前半部为汉族迦蓝七堂式，中轴线上依次分布着山门、天王殿、大雄宝殿等殿堂，两侧为钟鼓楼和东西配殿，南北长150米，宽70米。后半部为藏族三摩耶庙式，以大乘阁为中心，周围环列着许多藏式碉房建筑物——红台、白台以及四座白色喇嘛塔。大乘之阁内部分为三层，阁内矗立一尊金漆木雕千手千眼观音菩萨，高22.28米，腰围15米，重达110吨，用木材120立方米，是现在世界上最高大的木质雕像。像内是三层楼阁式的构架结构，中间为一根主木，四周组合许多根边柱，外钉衣纹占板密封，分层雕刻。佛像比例匀称，纹饰细腻，绘色绚丽，生动地表现了观世音菩萨的表情和神采，是我国雕塑艺术的杰作。大乘之阁的北西东三面对称地构筑了四大部洲、八小部洲及四座喇嘛塔，布局适宜，造型优美，环大乘之阁而建。

设计特色

普宁寺建筑风格独特，它吸收并融合了汉地佛教寺院和藏传佛教寺院的建筑格局，两种不同风格的建筑巧妙地融为一体，结合得相当完美。山门是普宁寺的前门，面阔五楹，进深一间，中辟券门三座。门殿为黄琉璃瓦缘剪边单檐歇山顶，檐下用单翘单昂五踩斗拱。山门两侧设腰门，门殿内两侧置泥塑金刚神哼哈二将。从山门起，中轴线上迎面为碑亭，平面三间方型，重檐歇山，下檐单翘单昂，上檐单翘重昂，黄琉璃瓦缘剪边覆顶，四面设门，亭下砌台基，台基置栏杆。亭内置御制石碑三座，碑下有方趺，上有龙首，四面用满、汉、蒙、藏四种文字镌刻碑文。中间是“普宁寺碑”，东为“平定准噶尔勒铭伊犁碑”，西为“平定准噶尔后勒铭伊犁之碑”，分别记述修建普宁寺的历史背景、意义和清政府平定达瓦奇、阿睦尔撒纳叛乱的始末。碑亭北面两侧为钟鼓楼，各为三间方形两层楼阁，单檐歇山顶。

【史海拾贝】

生活在我国西北边疆的厄鲁特蒙古，明代称为瓦剌，又被称为卫拉特，在明末清初的时候，称为厄鲁特蒙古，厄鲁特由和硕特土尔扈特、杜尔伯特、准噶尔等四部组成，所以又称为四卫拉特。后来因为准噶尔势力强大，土尔扈特不甘忍受欺凌而西迁到伏尔加流域，其游牧地区被杜尔伯特其中的一支辉特部占据。乾隆即位十年（1745 年）的时候，准噶尔因为首领噶尔丹策凌去世后，族内掀起内讧，争夺汗位的斗争开始。噶尔丹策凌有三子一女，长子是喇嘛达尔扎，次子策旺多尔济·那木扎尔，幼子策旺达什。长子喇嘛达尔扎因为是庶出，不能立为汗王，登上汗王宝座的是次子策旺多尔济·那木扎尔，由于年幼无知，遂将辅佐他朝政的姐姐鄂蓝巴雅尔拘禁起来。

乾隆十五年（1750年），喇嘛达尔扎在鄂蓝巴雅尔的丈夫萨奇伯勒克的帮助下，攻杀了策旺多尔济·那木扎尔，夺取汗位，但由于喇嘛达尔扎是庶出，难孚众望。一直拥护策旺达什的策零敦多布家族达什达瓦便联合本部骁将大策零敦多布的孙子达瓦齐、辉特部台吉阿睦尔撒纳、辉特部台吉班珠尔，共谋拥立策旺达什为汗，但计划被发现，策旺达什和达什达瓦被杀，达瓦齐和阿睦尔撒纳逃跑后，又趁喇嘛达尔扎不戒备，率兵潜回伊犁杀死喇嘛达尔扎，达瓦齐夺取汗位、阿睦尔撒纳没有实现自己当汗的野心，便不断扩充势力，袭击杀死了他岳父杜尔伯特台吉达什，又征服了和硕特首领班珠尔，率三部人马6 000名士兵进攻达瓦齐，早有防备的达瓦齐调集大批军队打得阿睦尔撒纳大败，洗劫了所有财产。在西北没有立足之地的阿睦尔撒纳只能率残部2万人于1754年投靠清政府，并极力进言乾隆皇帝出兵西北。乾隆早有平定准噶尔割据势力之心，遂于1755年，任命班弟为定北将军，阿睦尔撒纳为左副将军，永宁为定西将军，进军西北。在厄鲁特蒙古各部的支持下，清军两路进剿，经过著名的格登山大战，达瓦齐全军覆没，自己被维吾尔族台吉霍吉斯生擒。平定西北胜利以后，乾隆皇帝十分高兴，在北京午门授献俘之礼，并在承德避暑山庄大宴厄鲁特四部的上层贵族，并封以汗王贝勒贝子等爵位。

为了纪念这次西北用兵的胜利，乾隆效仿康熙解决喀尔喀蒙古后，在多伦诺尔修建汇宗寺以一众志的做法，尊重蒙古民族信奉藏传佛教，于乾隆二十年（1755年）仿西藏桑耶寺。在承德修建普宁寺，历时四年竣工，建成后普宁寺僧侣众多，香火极旺。

携手打造平安景区
普寧寺

【天王殿】

天王殿位于碑亭正北，面阔五楹，进深三间，前后檐装有板壁，中为明间设欢门，东西稍间设欢窗，两山砌石墙，缘色剪边黄琉璃瓦单檐歇山屋顶，前后各出三阶。

明间檐悬“天王殿”立匾，正中迎面供布袋和尚木胎雕像一尊，其后面北塑立像护法神韦驮。殿内东西两侧塑四大天王。天王殿两侧以腰墙封闭，组成一进院落，腰墙辟掖门。

【大雄宝殿】

大雄宝殿是前半部二进院落的主体建筑。座基高 1.4 米，用青石雕砌成须弥座式，殿前设月台，前后各出三阶，月台东西各出一阶。月台及殿基各角设石雕螭首，月台上置大型铜鼎四个（现存鼎座）。大殿面阔七楹，进深五间，中央五间设隔扇，两边尽间装槛窗，殿后中央三间设隔扇，东西四间封实墙。

大殿为重檐歇山屋顶，覆绿剪边黄琉璃瓦，殿脊正中置铜镏金舍利塔，下檐为五踩单翘单昂斗拱，上檐为单翘重昂七踩斗拱。上檐正中悬："大雄宝殿"陡匾，用满、蒙、汉、藏四种文字书写，汉文为乾隆御笔。下檐正中悬黑泥金漆匾，乾隆御笔"金轮法界"。

大雄寶殿

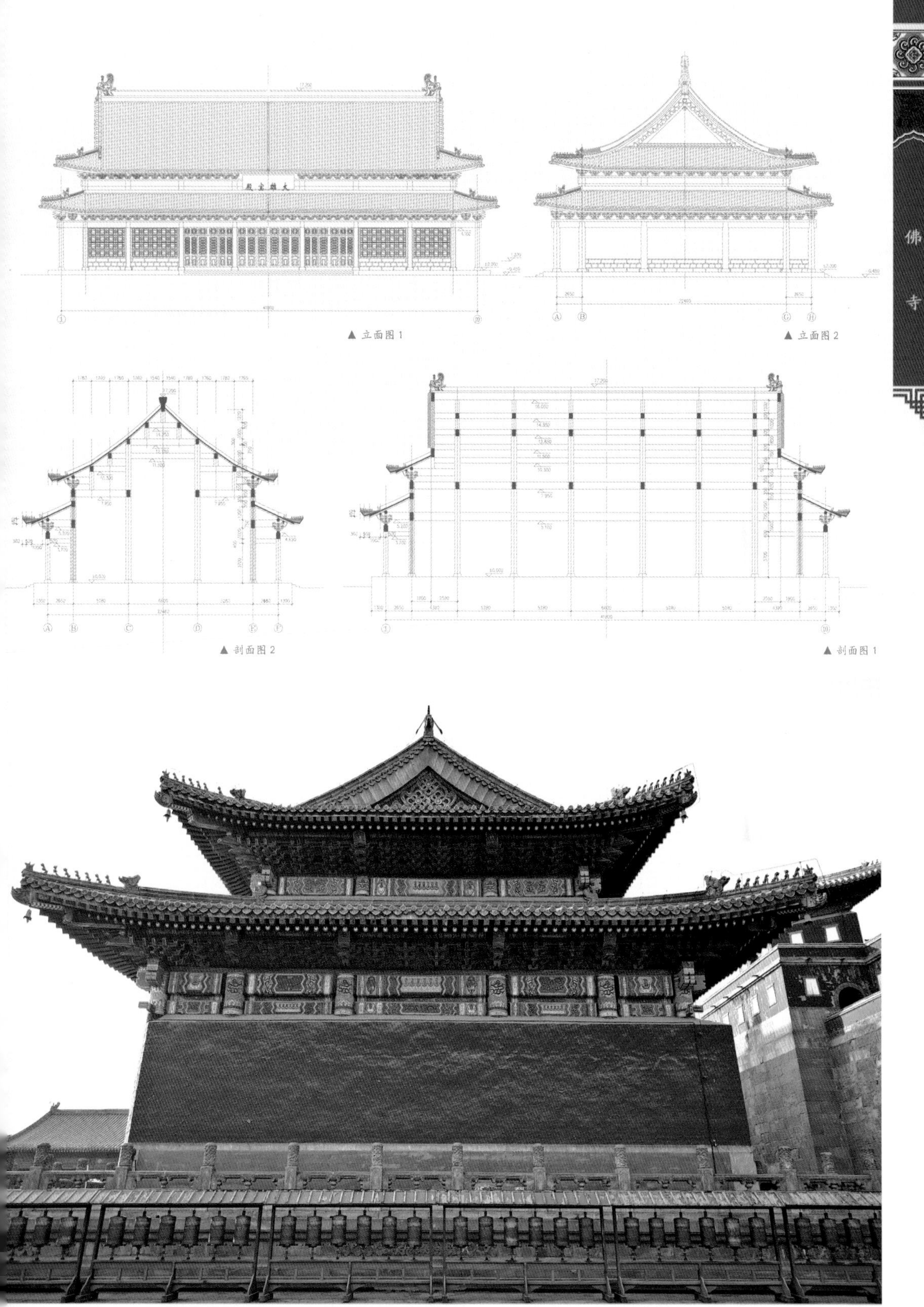

▲ 立面图 1

▲ 立面图 2

▲ 剖面图 2

▲ 剖面图 1

廣種福田

鴻庥普蔭

【大乘之阁】

大乘之阁位于大雄宝殿之后，地势陡然突起，用条石砌筑的金刚墙高 8.92 米，内里填垫灰土夯实，形成一块平坦台地，用以组织此庙后半部的藏式建筑。金刚墙南部两侧分设石阶蹬道，各 42 级。大乘之阁起于大型须弥基座之上，阁前设宽敞月台，南出三阶，中为“双龙戏珠”石雕御道，两侧条石砌级，周围排立石雕云龙栏杆 54 根。阁前上檐悬“大乘之阁”陡匾，满、蒙、汉、藏四种文字书写；下檐悬“鸿庥普荫”横额，汉字书写。大乘阁仿桑耶寺庙乌策殿建造，内部为三层楼结构，中为空井，周设回廊，旋梯型垂直交通方式。大乘之阁面阔七楹，进深五间。主体部分栽设两圈通柱形成三层垂直框架，上下贯通。

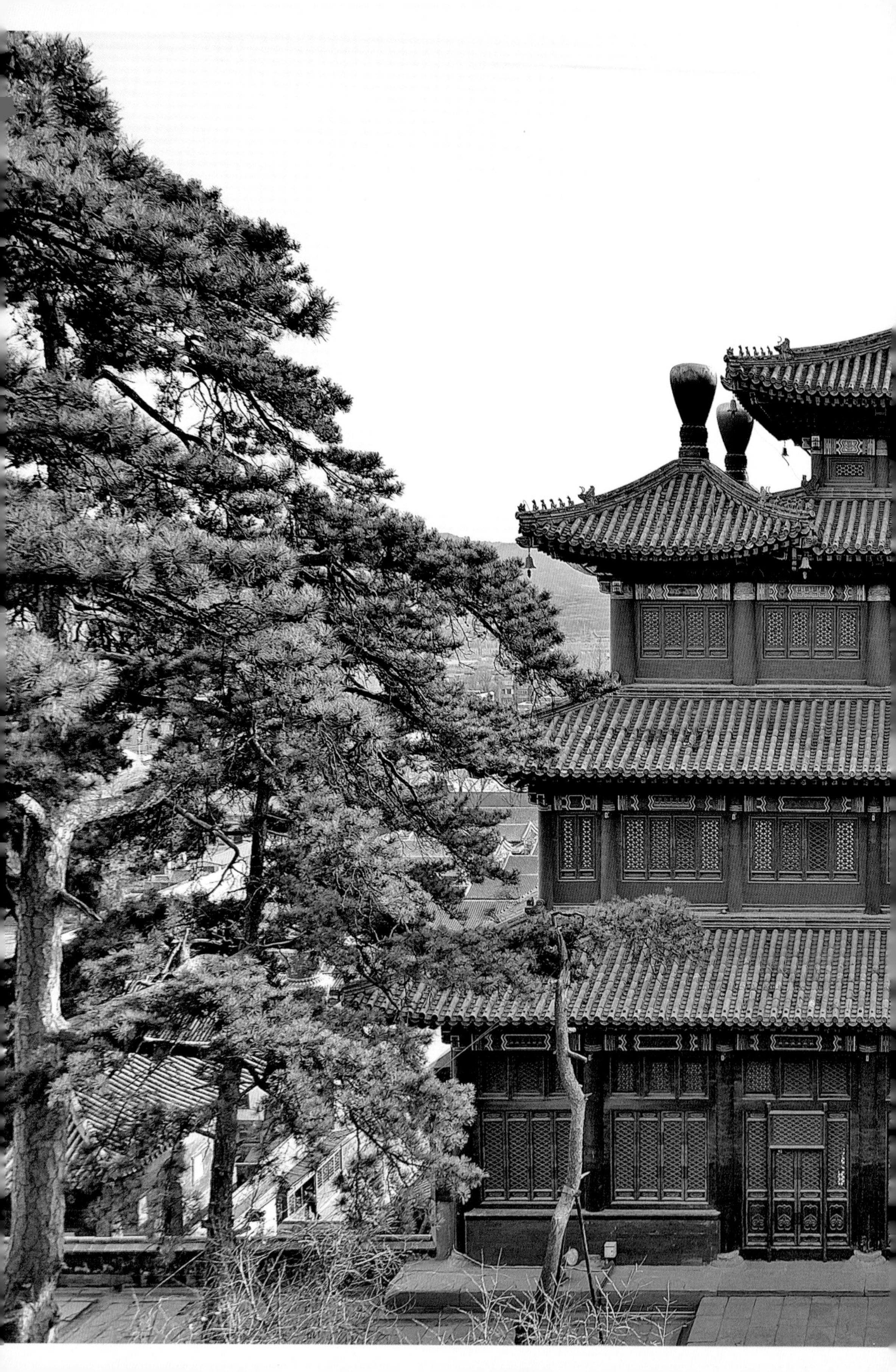

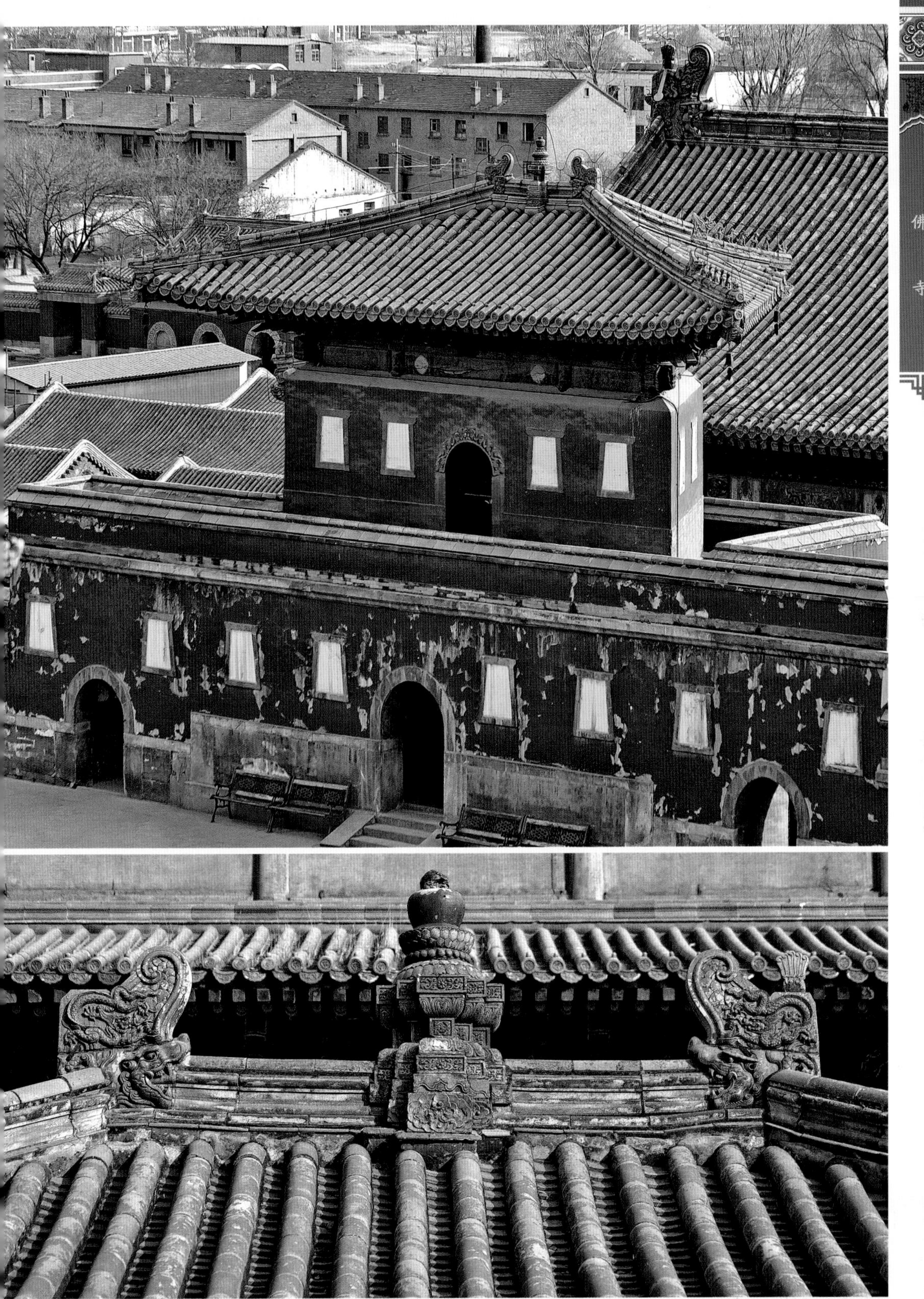

河北井陉县福庆寺

五岳奇秀揽一山
太行群峰唯苍岩
桥楼飞架断崖上
古刹隐居峭壁间

福庆寺

福庆寺位于峰奇、石异、谷幽，自古享有“五岳奇秀揽一山，太行群峰唯苍岩”之盛名的苍岩山上。福庆寺所倚山峰海拔983米，凭苍岩之山势，又经历代修建，逐渐演变成为佛教圣地。它独特的风格，可概括为崖间就势，涧上飞构，即借山势的险峻，以成殿宇的雄奇；天工、人力浑然一体，静中寓动，使佛门的法力和威严，以形象的“仙界”展示于人间。

历史文化背景

苍岩山位于石家庄市西南50千米的井陉县境内。巧夺天工的悬空寺——福庆寺就坐落在苍岩山上。福庆寺依山就势分布在苍岩山北侧悬崖峭壁上，离地高度200米。

据寺中现存最早的宋乾兴元年（1022年《井陉县大化乡新修苍岩山福庆寺碑铭井序碑文所记，福庆寺原创建于何人何代，在北宋咸平年间（998~1003年）就已失去了考核的依据，那时仅在当地人中传说此寺旧名“兴善寺”，“昔有公主于此出家”。碑文中还记载了，宋咸平五年（1002年），五台山华严宗僧人诠悦，由华严寺来此重修庙宇的情景。尤为重要的是详细记叙了诠悦与另一僧人智簧，到谯郡上疏宋真宗，要求批准重修苍岩山寺，以及大中祥符七年（1014年），宋真宗敕赐“福庆寺”寺名的经过，从此，苍岩山佛寺，正式定名为福庆寺。

建国后，党和政府非常重视苍岩山的管理。1956年河北省人民政府将苍岩山定为省重点文物保护单位，并拨款重修寺内的主要建筑，使福庆寺基本恢复原貌。“文化大革命”

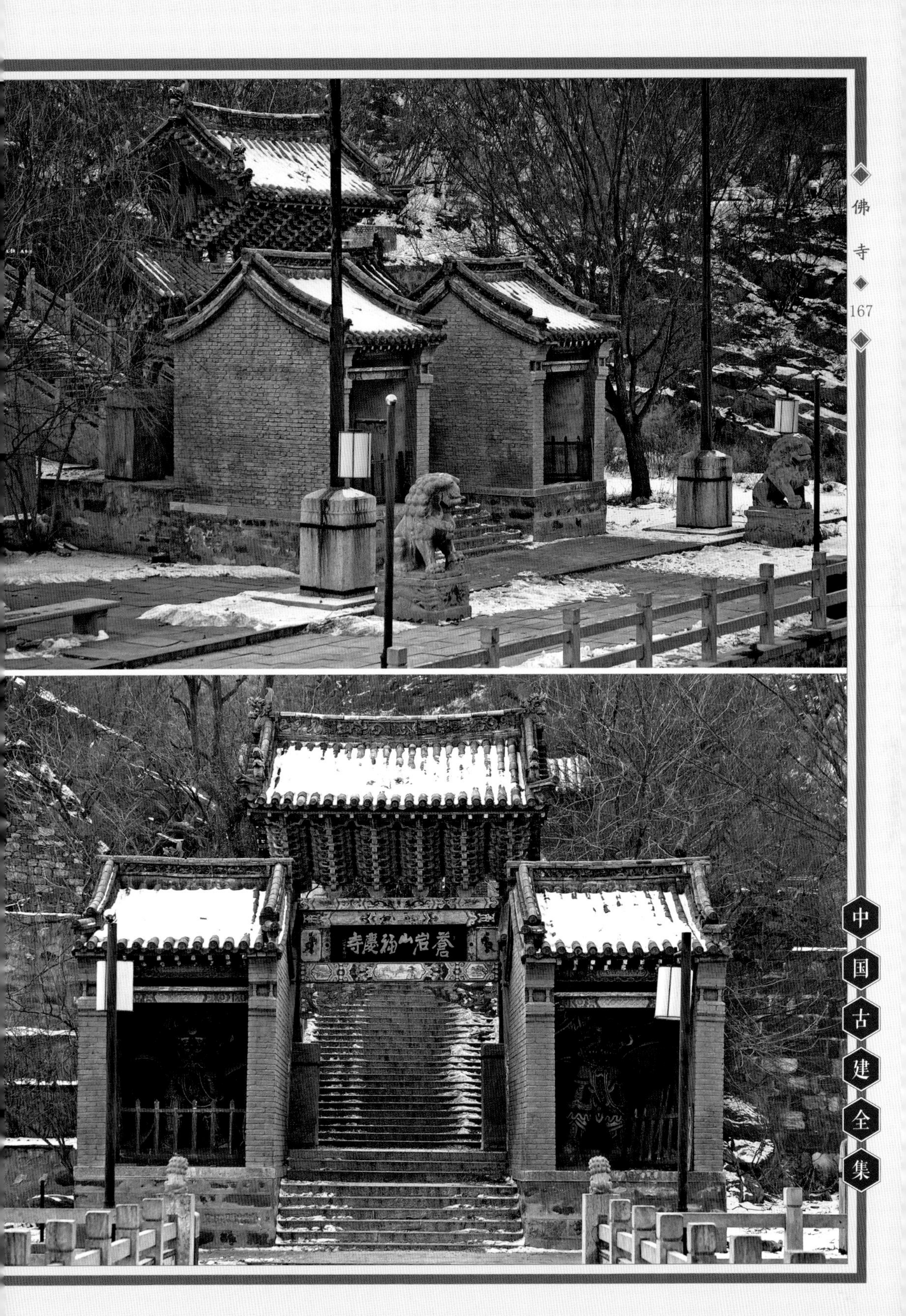
蒼岩山福慶寺

中，苍岩山一度遭到严重破坏。1980年河北省文管处、石地外办局和井陉县财政拨款63 000元，进行了重点建设，翻修了桥楼殿、天王殿等7座庙宇，恢复了桥楼殿、公主祠内的彩塑。1982年河北省政府再次公布苍岩山福庆寺为省重点文物保护单位。

建筑布局

福庆寺的古代建筑，既同以南北中轴线为主体的传统封闭院落式有所区别，也不完全同于山西悬空寺一类半倚半悬的山间寺庙。它独特的风格，可概括为崖间就势，涧上飞构，即借山势的险峻，以成殿宇的雄奇；天工、人力浑然一体，静中寓动，使佛门的法力和威严，以形象的"仙界"展示于人间。无论整体布局，还是主体建筑，都达到了很高的艺术水平。

福庆寺的建筑布局，按其空间格局可分为上、中、下三层次。

下层依次为山门牌楼、山门、苍山书院、碑房、戏楼（现存基址）、万仙堂、以及西南绝谷360级的"云梯"。

中层依次为灵官庙、天王殿、桥楼殿、天桥（即复道大石桥）、大佛殿、山中栈道、僧舍群房、梳妆楼、关帝庙、峰回轩（又名藏经楼）、烟霞山房（即阎王殿）、子孙殿、先贤寺、大乘妙法莲花经塔、南阳公主祠、南天门、东天门。

上层依次为公主坟、玉皇殿（今已扩建）、塔林等。

其建筑精华，主要集中在中层。

设计特色

福庆寺院内，有苍山书院、万仙堂、大佛殿、峰回轩、

砖塔等建筑及数座碑碣，雕梁画栋，玲珑典雅。洞底

圣石嶙峋，谷中鸟鸣丛林，山腰峰回路转，崖顶古柏悬空。桥楼飞架断崖上，古刹隐居峭壁间，诸景融聚一体，别具一格。自然风景与人文景观巧妙结合，构成了著名的“苍岩山十六景”，引人步步入胜。

【史海拾贝】

关于观世音菩萨的身世，有一个传说：在很久以前，有一位叫妙庄的国王生有三个女儿，长女名妙因，次女名妙缘，三女名妙善。三个女儿长大成人后，妙因、妙缘都听从父王的旨意出嫁了。唯妙善不愿嫁人，她说：“人生富贵，如过眼云烟。不如得一处山净地，修成正果，再度众生，解救苦厄。”妙庄王再三劝说，妙善公主仍誓不回心。妙庄王一气之下将妙善公主贬为庶民，赶出皇宫。从此妙善公主就出家了。

后妙庄王染疾，百医无效。此时公主已修行得道，知父王有此一难，看在骨肉情份，她便化作一仙人为父疗病，诊脉后，告知妙庄王，只有服用直系亲属的手眼，病情才能痊愈。妙庄王认为妙因、妙缘是最孝之女，便传旨让二女献出手眼，二女不肯。于是，妙善公主让父王叫大臣求神仙帮助，大臣去求神仙，妙善公主就将自己的手眼取下，交给大臣。妙庄王病愈后，去拜神仙时才知救他的竟是自己的三女儿妙善，妙庄王悲痛万分，祈求天地神灵帮助女儿恢复手眼。神灵被妙善公主的孝心所感动，就让妙善公主长出了千手千眼，后被称为“大慈大悲救苦救难南无灵感观世音菩萨”。这一传说与苍岩山碑石相符，并与公主祠壁画相合，可见苍岩山所传三皇姑实为中国民间广传之观音化身。

蒼岩山福慶寺

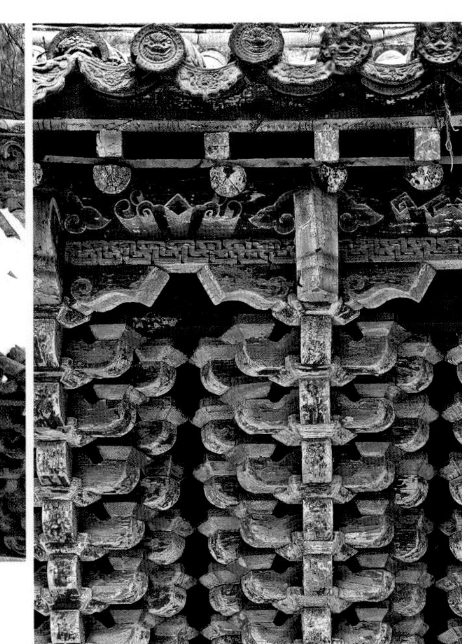

【山门牌楼】

在福庆寺山门外有一木构牌楼，由主楼和次楼组成。顶为悬山布瓦敷顶，主楼由四朵九踩斗拱，次楼是二朵五踩斗拱，牌楼由四根方柱支撑，方柱由铁箍石头固定，并用侧腿围护。主楼挂有李苦禅题的“苍岩山福庆寺”匾额，牌楼保存较好，创建于清。

橋樓殿

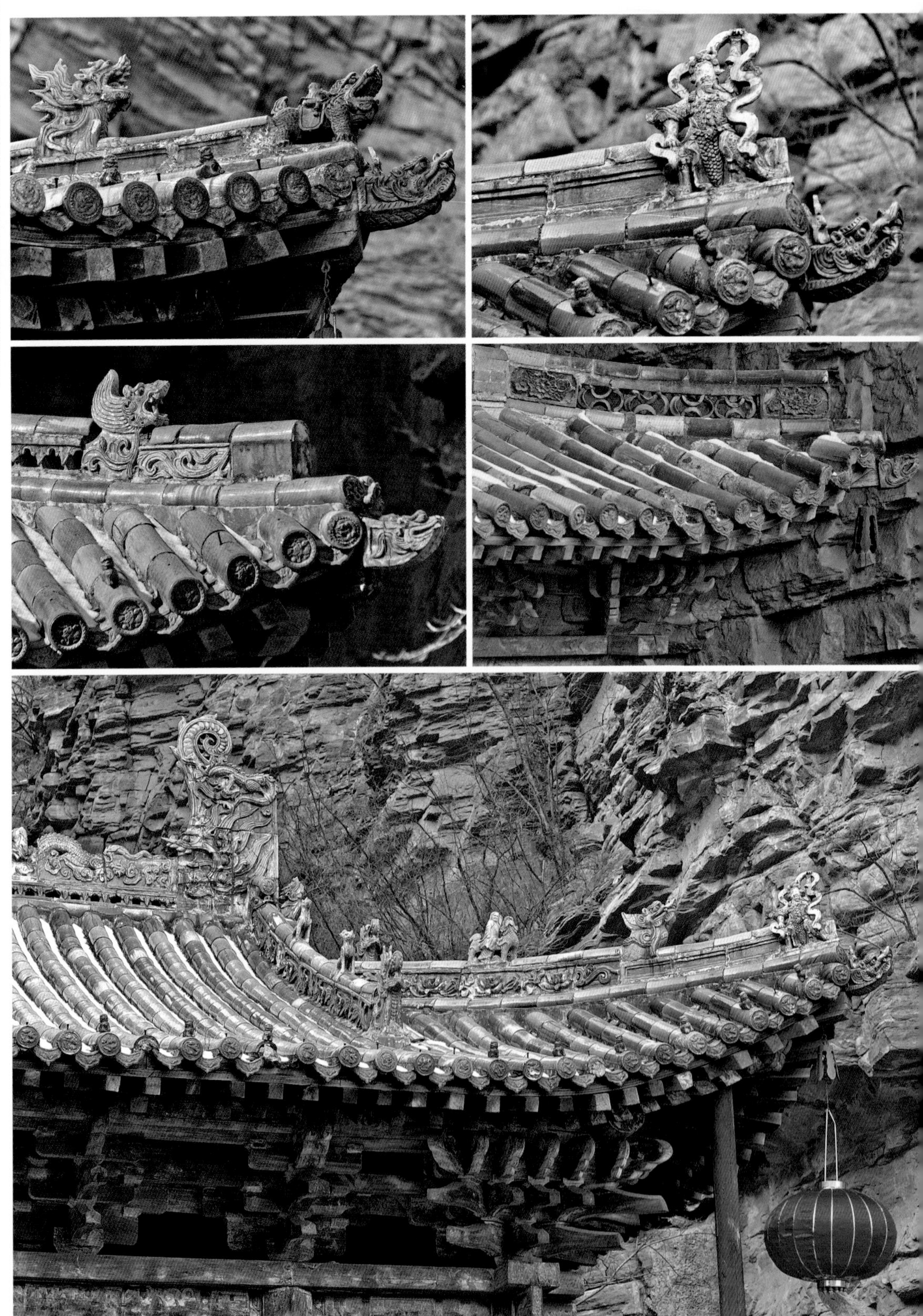

【桥楼殿】

桥楼殿建在一个与小石桥相同的单孔拱形石桥上，由于所处两崖间距大于小石桥，高度 89 米，故跨度大，且仿赵州桥，筑成敞肩拱桥，桥长 15 米，宽 7.8 米，拱券纵向并列，共有 22 道，拱石大小不一。两侧拱券上各雕有 6 幅神龙、神兽图案，只有券顶上的两只吸水兽形式不一，且西侧的一只不在正中，两旁的雕饰不对称，为后来修补而成。东侧的吸水兽带有两肢，同两旁的雕饰相配协调，并用双银锭形的腰铁嵌入拱石，卡住各个相邻两块拱石。

桥楼殿属歇山九脊黄绿琉璃相间重檐阁大木式建筑，面阔五间，进深三间，周围出廊。桥楼殿殿顶与天王殿做法基本相同，黄绿琉璃瓦敷顶，翼角翘起较高，正脊两大吻之间琉璃脊筒上有人骑龙 4 个，相向而行，中央是狮子驮塔和 2 个凤鸟；4 条戗脊上分别有人骑凤，前后戗兽，垂脊按有垂兽和狮马，四翼角装有兽头，下檐有 4 条角脊和 4 条围脊，围脊用琉璃花草敷上，角脊上有一狮。

正是風調雨順年

剛逢海曙江春日

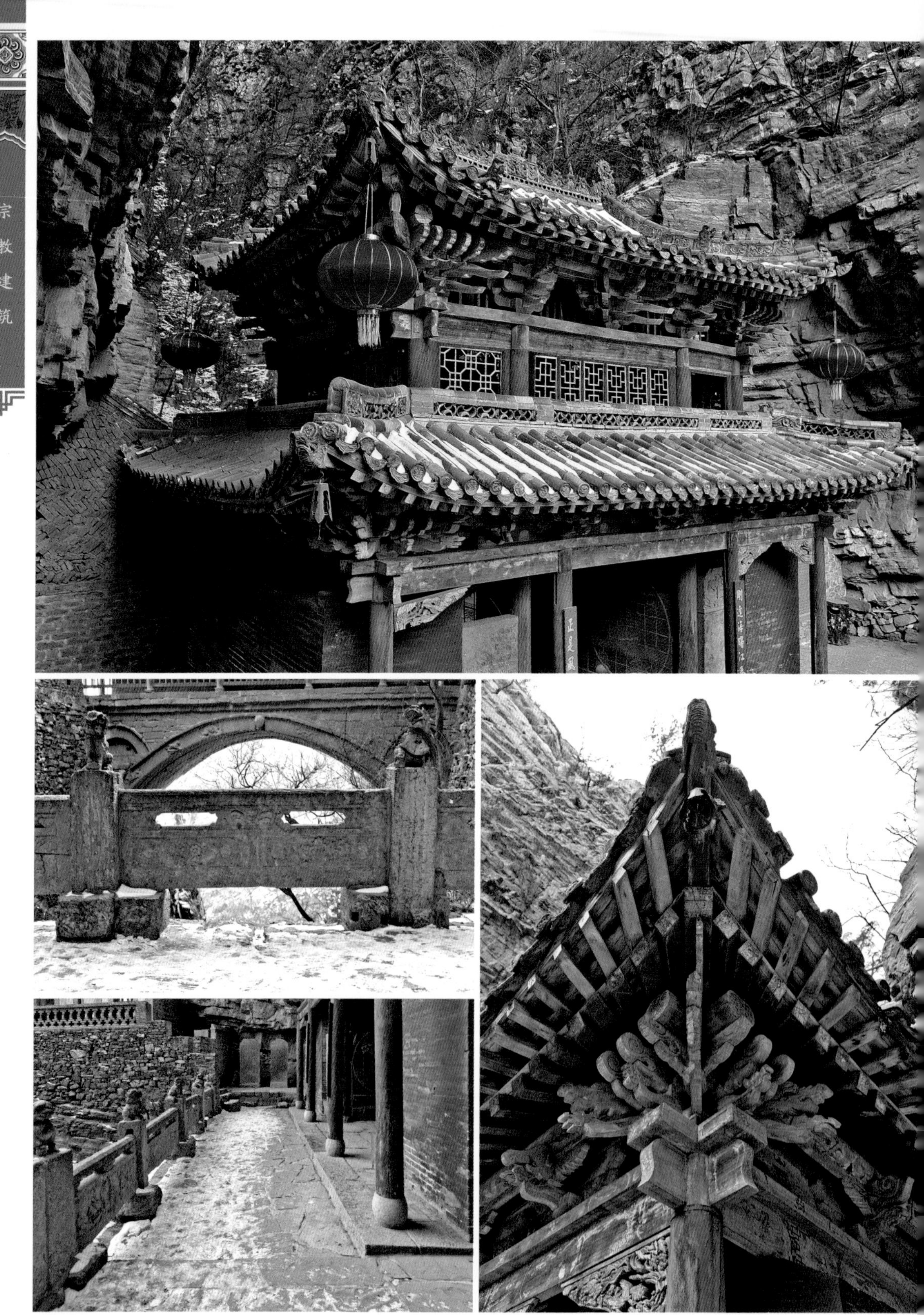

聖母殿

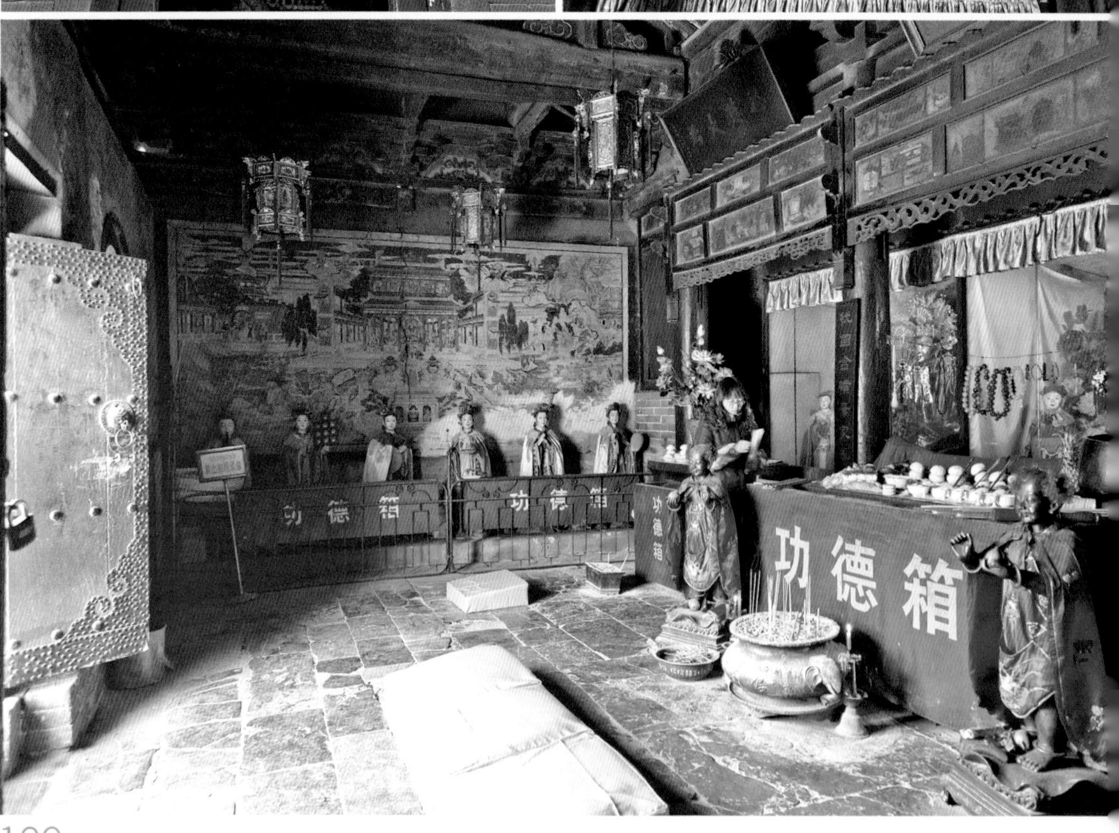
功德箱
功德箱
功德箱

【苍山书院】

在山门内右侧，临西峰崖下，建有石涵，其上建有一栋屋宇叫“苍山书院”，为硬山出檐小木式建筑，面阔三间，进深一间，建筑面积 39.7 平方米，苍山书院建于明嘉靖至万历年间，清代、民国重修。

河北正定县隆兴寺

正定有寺号隆兴
京外古刹数头名
观音千手凌空立
面对须登楼四层
隆兴寺

隆兴寺是中国国内保存时代较早、规模较大而又保存完整的佛教寺院之一，梁思成先生曾评价："京外名刹当首推正定府隆兴寺。"其主要建筑分布在一条南北中轴线上及其两侧，高低错落，主次分明，是研究宋代佛教寺院建筑布局的重要实例。

历史文化背景

隆兴寺，别名大佛寺，位于河北省石家庄市正定县城东门里街，是中国国内保存时代较早、规模较大而又保存完整的佛教寺院之一。隆兴寺原是东晋十六国时期后燕慕容熙的龙腾苑，隋文帝开皇六年（586 年）在苑内改建寺院，时称龙藏寺，唐改称隆兴寺。北宋开宝二年（969 年），宋太祖赵匡胤来到河东后驻跸镇州（后正定），到城西观音由唐代高僧自觉禅师创建的大悲寺礼佛时，得知寺内原供的约16.3 米高的铜铸大悲菩萨遭受过后汉契丹犯界和后周世宗毁佛铸钱的两次劫难，加之听信寺僧"遇显即毁，遇宋即兴"之谶言后，遂敕令于城内龙兴寺重铸一尊巨大的四十二臂铜质千手观音

菩萨像，并建大悲宝阁。开宝四

年（971 年）兴工，至开宝八年（975 年）落成。并以

此为主体采用中轴线布局大兴扩建，形成了一个南北纵深、

规模宏大、气势磅礴的宋代建筑群。

金、元、明各代对寺内建筑均有不同程

度的修葺和增建。清康熙、乾隆年间，又曾

两次奉敕大规模重修，寺院形成了东为僧徒起居之

处，中为佛事活动场所，西为帝王行宫三路并举的

建筑格局。康熙四十九年（1710 年）赐名“隆兴寺”，

并沿用至今。清咸丰八年（1858 年），西路的行宫被天主教堂侵占，中、东两路建筑也是殿

阁倾堪，僧堂损漏，寺院游僧日少，门庭冷落。

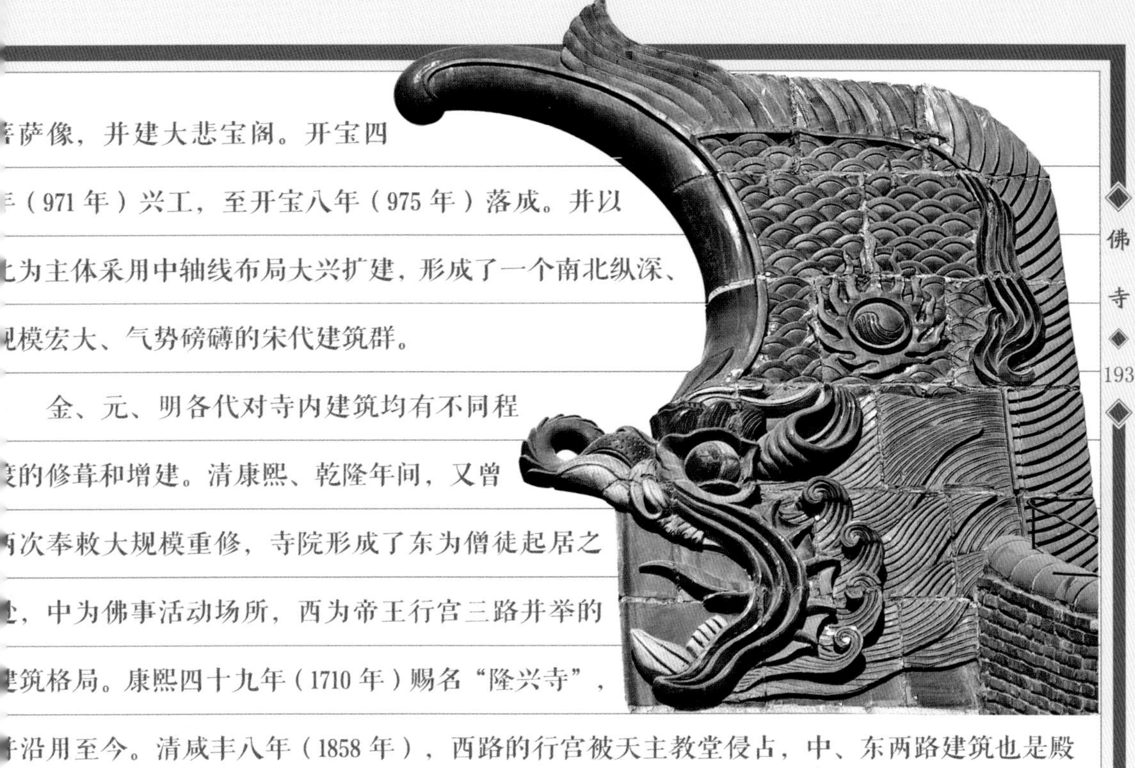

1961 年由国务院公布为全国重点文物保护单位后，隆兴寺里的建筑经过多次修缮和彩绘，

得以慢慢复原。2015 年 2 月 11 日，梁思成文物保护史迹展在正定隆兴寺开馆。

建筑布局

隆兴寺占地面积 82 500 平方米，大小殿宇 10 余座，主要建筑分布在一条南北中轴线上

及其两侧，高低错落，主次分明，是研究宋代佛教寺院建筑布局的重要实例。寺前迎门有一

座高大琉璃照壁，经三路三孔石桥向北，依次是：天王殿、天觉六师殿（遗址）、摩尼殿、

戒坛、慈氏阁、转轮藏阁、康熙御碑亭、乾隆御碑亭、御书楼（遗址）、大悲阁、集庆阁（遗

址）和弥陀殿等。在寺院围墙外东北角，有一座龙泉井亭。寺院东侧的方丈院、雨花堂、香

性斋，是隆兴寺的附属建筑，原为住持和尚与僧徒们居住的地方。

【史海拾贝】

正对天王殿南面，是一座宏伟壮观的双龙照壁。照壁东西长22.9米，高6.8米，厚1.2米。壁顶及两侧用绿色琉璃瓦镶嵌。盖帽、起脊处有飞禽走兽装饰。照壁的前后心均为菱形，中间为绿琉璃浮雕二龙戏珠图案，烘托浮雕的整面壁墙为大红色彩。照壁之中有两条栩栩如生的蛟龙。传说，正定城南的滹沱河，水深流急，早年无桥，过往不便，后打铸两条铁链系于两岸木桩，以利行人渡船，后经年累月，铁链变成两条绿龙，为害百姓，被张天师擒获。此时，正值尉迟敬德监修大佛寺，他忘了修大佛寺的山门，正愁没办法交差。于是便让工匠连夜动工，在大佛寺门前修起了这座照壁，并把二龙牢牢地嵌在中间，这样一来既镇锁了蛟龙使它不能作恶，二来又遮掩了大佛寺没有山门的尴尬。

牟尼殿

龍象神威

幻化何因但應念而成自爾無去無往

【形制最奇特的摩尼殿】

摩尼殿大殿结构十分奇特，正方形殿身四面正中各出一山花向前的歇山式抱厦，使平面形成“十”字形。檐下斗拱宏大，分布疏朗；柱子粗大，有明显的卷刹、侧角和生起；殿脊、飞檐曲线如波，自然流畅；四角微翘，如鸟振翅欲飞。像这样外观重叠雄伟、富于变化、形制颇为特殊的古建筑，为宋《营造法式》之典范，被梁思成先生誉为“世界古建筑孤例”，具有极高的历史、科学和艺术价值。

妙莊嚴域

通津寶筏

▼ 立面图

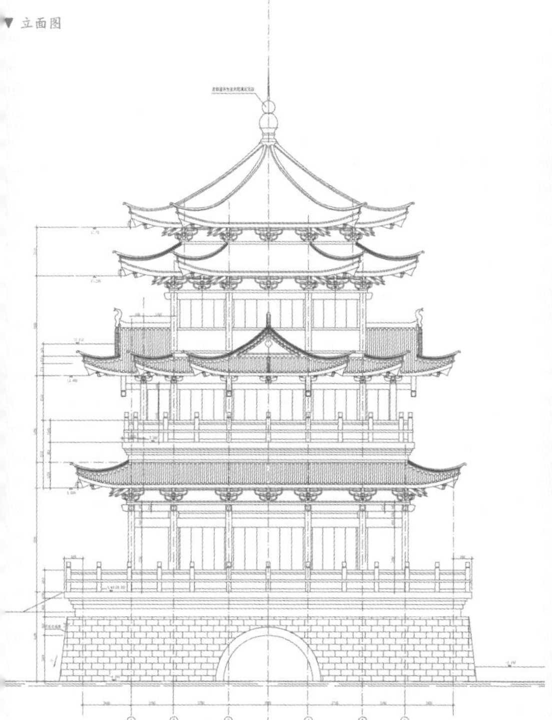

▼ 剖面图

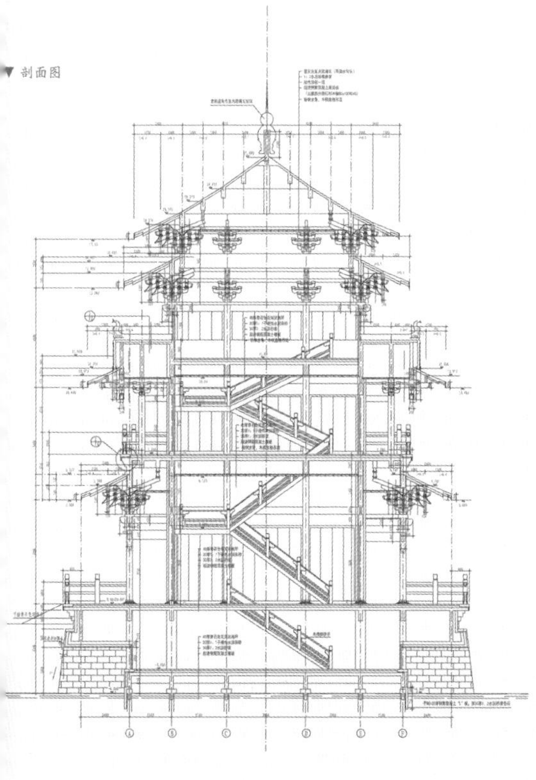

【戒坛】

戒坛是一座亭台式建筑，现存木结构部分为清代重建。从外面看去，戒坛三层四面，第一层每一面有六根廊柱，廊柱之上是斗拱结构，支撑着整个戒坛的大屋檐。戒坛屋顶为攒尖式屋顶，四条屋脊，每条屋脊上有六只神兽，说明戒坛的等级还是很高的。

戒坛是佛教僧徒受戒时举行宗教仪式的场所。在古代，规模较小的寺院没有资格设有戒坛，而隆兴寺自宋代奉敕扩建后，宋、元、明、清历代都由皇帝敕令重修，颇受重视，成为北方著名的佛教寺院，因此设有戒坛。隆兴寺戒坛是我国北方三大坛场之一，其余两处分别在北京戒台寺和五台山清凉寺。

【最古老的转轮藏】

转轮藏直径7米，是一座收藏经文的旋转书架，外观形似八角形亭子，中设木轴，亭身设有经屉，可以存放佛经，推之可转动。取佛教“法轮常转，自动不息”之意，喻佛法犹如轮子辗转相传，永不停息。佛教中亦有推其旋转与诵读经文同功之说。这种建筑形制国内保存下来的甚少，主要有四川平武报恩寺华严殿和北京智化寺藏殿的明代转轮藏、北京颐和园万寿山和山西五台山塔院寺大藏经阁的清代转轮藏、正定隆兴寺转轮藏阁内的宋代转轮藏，隆兴寺的转轮藏是中国现存最早的转轮藏。

慈雲廣覆
眼無邊

【最高大、最古老的千手千眼观音】

大悲阁是隆兴寺的主体建筑，阁内供奉闻名遐迩的宋代铜铸“千手千眼观音菩萨”，俗称“正定府大菩萨”。它为北宋开宝四年（971 年）奉宋太祖赵匡胤之命铸造。像高 21.3 米，共 42 臂，除本身的两只手、眼外，在身体左右各有 20 只手，分别执日、月、净瓶、金刚杵、宝剑等法器。铜像身躯高大，比例适度，其形体之巨、雕工之细实为罕见，是世界上古代铜铸佛像中最高大、最古老的千手千眼观世音菩萨像。

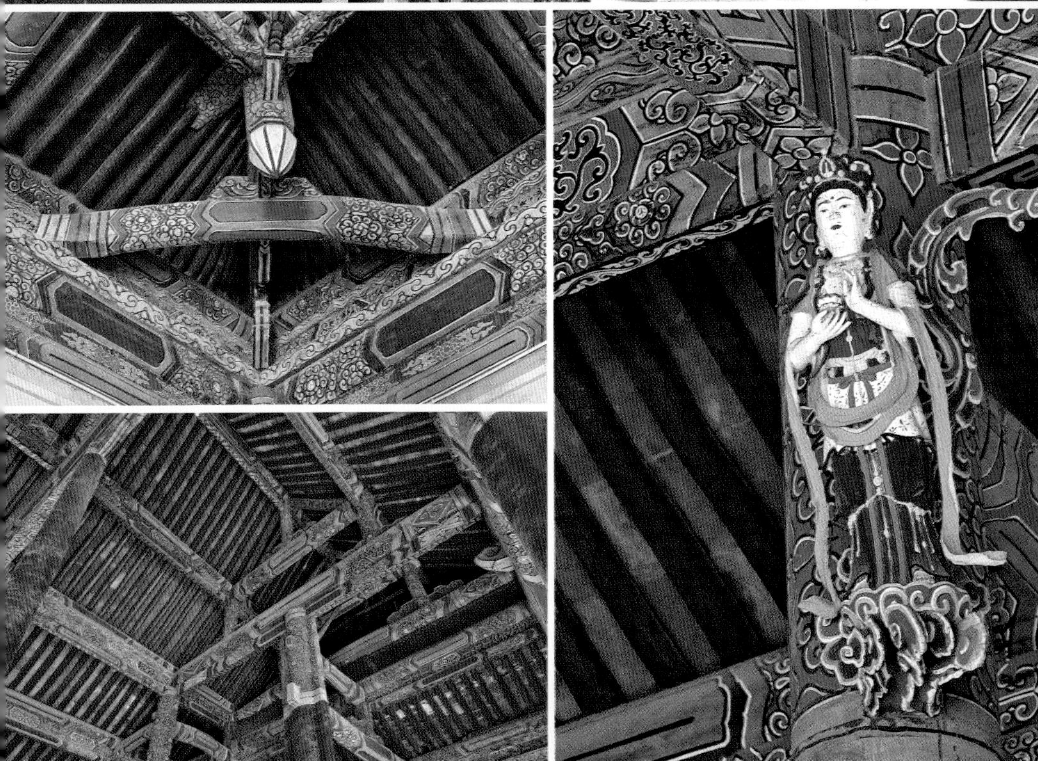

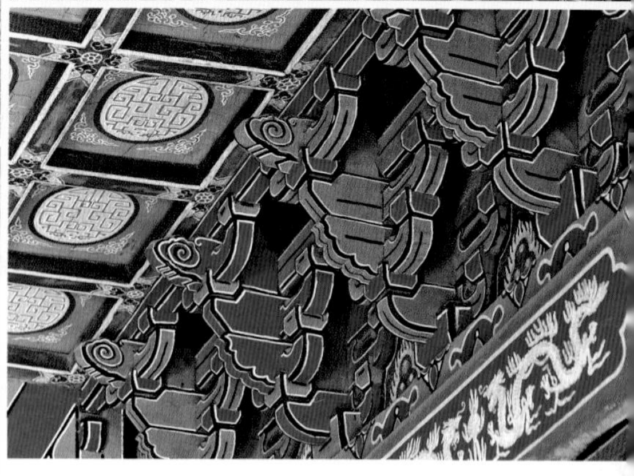

【中国古代最精美的铜铸毗卢佛】

毗卢殿位于隆兴寺中轴线最末端，殿内的毗卢佛堪称国宝，毗卢佛设计独特，精美绝伦，为明万历皇帝朱翊钧为其生母慈圣皇太后祝寿所御制的。这尊毗卢佛全部为青铜铸造，高 6.72 米，由三层坐式毗卢佛和三层圆鼓形莲座层置而成。三层莲座的千叶莲瓣上均铸有一坐式小佛，表情、手印富于变化，整尊造像上共计大小佛像 1072 尊。这尊皇家御制的毗卢佛真实地反映了当时的铜铸工艺，据有极高的历史、科学、艺术价值，堪称海内孤例。

山西大同昊天寺

昊宇广厦入云天
缥缈自在有神仙
慈心仁手渡众生
菩提释迦法无边

昊天寺

昊天寺建在大同盆地隆起的一个火山口上，是中国古代第一家把寺庙筑在火山口上的寺院，这在中国寺院建筑史上无疑是一个创举。寺院现有大雄宝殿、东方三圣殿、西方三圣殿、大悲殿、祖师殿、地藏殿等建筑。大悲殿殿中所塑的千手千眼观音菩萨，高大宏伟，形态逼真，是寺院的镇院之宝。这一佛像是由一整块红木雕刻而成，工艺精湛，栩栩如生，是一件不可多得的极品。

历史文化背景

昊天是汉族神话中玉皇大帝的名字，在汉族民间信仰中占有重要地位。昊天寺，在大同县城北1.5千米处，始建年代不明，多说建于北魏，早于大同华严寺，但有待商榷。20世纪70年代前，寺中有碑五幢，最早的为明万历二年（1574年）的《昊天寺创修碑》，碑文云："昊天宝刹不知修于何年，为捐身寺。"为一充军发配到此的囚犯始建，所有砖料均由羊群驮运至山上，并由囚犯担任住持。按明万历创修碑记载，该寺为充军发配到该地的犯人修建，那就和北魏修建的说法相悖。但由于充军多去边远之地，不可能充军到京畿之地，故此说法有待考究。昊天寺曾于明万历年间（1573~1620年）进行修缮，又于70年代初被毁，80年代重修，现有面积20 000多平方米，建筑面积5 000多平方米。

建筑布局与设计特色

大同县民间流传着这样的一种说法："昊天寺，离天二指半，燕雀难飞过。"

这话虽有点夸张，但也道出了昊天寺的高。昊天寺建在大同盆地隆起的一个火山口上，看上去特别的壮观，是中国古代第一家把寺庙筑在火山口上的寺院，这在中国寺院建筑史上无疑是一个创举，是火山口上的一个奇观。

清代的昊天寺据说为“三寺”，儒、释、道三教合一，正殿供奉着释迦牟尼塑像，东殿为老子塑像，西殿为孔子塑像。前院有两殿一阁，即圣母殿、关帝殿和玉皇阁。文革时期，昊天寺被炮轰后夷为平地。

20 世纪 80 年代初，各路僧人捐资重修昊天寺。如今昊天寺已修葺一新，有大雄宝殿、东方三圣殿、西方三圣殿、大悲殿、祖师殿、地藏殿等建筑。大悲殿殿中所塑的千手千眼观音菩萨，高大宏伟，形态逼真，是寺院的镇院之宝。这一佛像是由一整块红木雕刻而成，工艺精湛，栩栩如生，是一件不可多得的珍品。

【史海拾贝】

与其他寺院一样，昊天寺也有一段神话故事：很久以前，昊天山一带无山无岭，一马平川，万木葱茏，溪流潺潺，鸟语花香，风景如画。其间村落相布，田野肥沃，男耕女织，生活富裕。但是，好景不长，大难骤降。一日，一条火龙腾空而来，刹那间，旷空流火，草木枯竭，溪流干涸，百花凋谢，屋舍倒塌，惨不忍睹……这时，恰巧有一个小和尚路经此地，看到火龙为非作歹，涂炭生灵，心中愤愤不平，决心为民除害。于是他扔出手中的神奇禅杖，将火龙击落，九九八十一天后，火龙毙命，化为丘陵，但小和尚也因饥渴而死。人们为了纪念他，就在他死去的地方建了一座寺庙，这便是今天的昊天寺。

昊天禅寺

大慶
佛塔放光

藏經樓

藏經樓

山西大同华严寺

云散晴山几万重
烟收春色更冲融
帐殿出空登碧汉
遐川俯望色蓝笼
华严寺

华严寺是我国现存年代较早、保存较完整的一座辽金寺庙，寺院建筑布局严谨，规模宏大，坐西向东的布局与契丹族信鬼拜日、以东为上的宗教信仰和居住习俗有关。现上下二寺虽连成为一体，但各以一主殿为中心。华严寺用材偏大，屋面举高亦甚平缓。瓦当多为莲纹瓦当，亦有少量兽面瓦。正脊叠瓦成脊，两端施鸱吻。戗脊及垂脊末端施兽首，起翘筒瓦或走兽。

历史文化背景

大同华严寺位于大同古城内中心地带，清远街与华严街交叉西南处，鼓楼西侧 4(
米。华严寺始建于辽重熙七年（1038 年），
依据佛教经典《华严经》取“慈悲之华，
结庄严之果”的大乘教义而命名。

华严寺在清宁八年（1062 年）扩建，
置辽代诸位皇帝和皇后的石像、铜像，因
同为辽代西京，所以此寺有太庙的性质。
末保大之乱（1123 年），寺内大部分建筑被毁
金天眷年间（1138 ~ 1140 年）按照旧址重建

明中叶后分为上、下寺，分别以金建
雄宝殿和辽建薄伽教藏殿为中心。清初寺
又遭受摧折，康熙初年曾敕令修补，但风
难现。

1961 年华严寺被定为全国重点文物保
单位。1963 年，将上下两寺重新合并为一寺
“文革”时期，华严寺改做博物馆，使寺
建筑、佛像等经典文物都得以完好地保存
来。1984 年，寺院交还佛教界管理使用，
过整理和修缮，这座珍贵的佛教名刹终于
现了往日的光华。

建筑布局

寺院坐西向东，山门、普光明殿、大雄宝殿、薄伽教藏殿、华严宝塔等30余座单体建筑分别排列在南北两条主轴线上，布局严谨，规模宏大，占地面积达66 000平方米，是我国现存年代较早、保存较完整的一座辽金寺庙建筑群。

华严寺殿宇嵯峨，气势雄伟壮观。现上下二寺虽连成为一体，但仍各以一主殿为中心。上寺以金建大雄宝殿为主，分为两院，有山门、过殿、观音阁、地藏阁及两厢廊庑，高低错落，井然有序。下寺以辽建薄伽教藏殿为中心，保存有辽代塑像、石经幢、楼阁式藏经柜及天宫楼阁。下寺砖雕二门以东，又有天王殿、南北配殿和山门，别为一院。华严寺主要殿宇皆面向东方，这与契丹族信鬼拜日、以东为上的宗教信仰和居住习俗有关。

设计特色

华严寺用材偏大，屋面举高亦甚平，缓设计铺作层高度与柱高同等。立柱使用侧脚生起使柱网内聚，增强稳定性。斗拱承袭晚唐五代斗拱样式，补间最多作一朵，以偷心造为主，出现斜拱。华严寺瓦饰主要使用陶质灰瓦，亦有用琉璃瓦。瓦当多为莲纹瓦当，亦有少量兽面瓦。正脊叠瓦成脊，两端施鸱吻。戗脊及垂脊末端施兽首，起翘筒瓦或走兽，已不见唐代多见之兽面瓦或莲纹瓦，如薄伽教藏天宫楼阁。

【史海拾贝】

合掌露齿菩萨是大同华严寺薄伽教藏殿内的著名彩塑。相传，辽代皇家崇信佛教，征调能工巧匠修建华严寺。城外有一个雕造技术出众的巧匠，不愿为皇家卖命，而且也不忍心留下年轻的独生女儿一人在家。这惹恼了官府，总管以“违抗皇命”的罪名将他痛打一顿。

由于众工匠的求饶，才免于更大灾祸。

他女儿担忧老父亲，便女扮男装，假充工匠的儿子，托人说通总管，前来照顾老父亲，并为皇室干活。修建工程浩大，监管人员还经常责打工匠。那姑娘便主动替大伙煮饭烧菜，端茶送水。她见父亲和工匠们塑造神像时苦苦思索，便常在一旁或立或坐，做出双手合十、闭目诵经的姿态，为他们祈祷。雕工们受到启示，便依着她的身段、体形、动态塑造修饰，这对工程进展起到了很大的促进作用。姑娘的举动，引起一个年轻工匠的注意。他察觉到她并不是老工匠的儿子，而是老工匠的女儿，并且担心如果她被监工发现，会碰上厄运。

事情果然发生了，这一天，总监工发现老工匠的包工活没干完，就命人痛打他。就在这时，姑娘挺身而出，主动承担责任。总监工似乎有点察觉她是女儿身，就勒令让她剥光上身殴打。眼看情况就要暴露，她深情地望了望大家，随即莞尔一笑，纵身投入铸钟造塔的滚沸铁水中。沸腾的铁水溅得老高，老工匠的女儿就这样化为一朵白云，飘向了天空，那总监工也被溅起的铁水烧死了。年轻工匠记住了老工匠女儿临去之前的露齿一笑，就照她生前的神态体型雕成了一尊菩萨像，特别把那露齿莞尔一笑的神情也塑在雕像上。

華嚴寺

【华严宝塔】

华严宝塔是继应县木塔之后全国第二大纯木榫卯结构的方形木塔，通高43米，上景金盘，下承莲池，特别是塔下500平方米的千佛地宫，采用了100吨纯铜打造而成，内供佛祖舍利及千尊佛像，金碧辉煌，是传统与现实完美结合的典范之作。

【薄伽教藏殿】

为下寺主殿，东向，始建于辽重熙七年（1038年）。薄伽意为世尊，教藏或称经藏，即贮藏佛经的书库。佛寺建经藏始于唐代，此殿则是现存最早的经藏。殿面阔五间，进深四间（八椽），长25.65米，宽18.46米，建在砖砌高台上，前有突出的月台。殿正面三间各装6扇格子门，其余用厚墙封闭，上覆单檐歇山顶。外观是典型的辽代建筑风格。

大殿平面因结构分为内外槽。内槽设凹形佛坛，佛坛上有3尊坐佛和菩萨像，是辽塑的精品，3尊坐佛顶上各有斗八藻井。外槽沿外壁排列重楼式壁藏，壁藏共38间，分上下两层。佛龛和行廊高下起伏，翼角错落，表现中国木构建筑的玲珑之美。小殿藏在殿内，保存完好，可视为辽代建筑的精确模型，对研究辽代建筑风格和细部做法有重要价值。此殿构架用材为24厘米×17厘米，栔高10.5厘米，约当《营造法式》规定的三等材。殿身用五铺作出双抄华拱。

鐘樓

鐘樓

山西大同善化寺

九百载风云变幻
宠辱不惊静观世变
七王朝岁月沧桑
沉浮无意闲看人忙

善化寺

善化寺建筑高低错落，主次分明，左右对称，是我国现存规模最大，最为完整的辽、金寺院。寺院的整个布局唐风犹存，主要建筑沿中轴线坐北朝南，渐次展开，层层迭高。中轴线上，依次排列着山门、三圣殿、大雄宝殿。大雄宝殿两侧有观音殿和地藏殿。寺内还保存着泥塑、壁画、碑记等珍贵文物，其中金代泥塑造型优美，个性突出。

历史文化背景

善化寺俗称南寺，位于山西大同城内永泰门内街，为全国重点文物保护单位。它始建于唐代，唐玄宗时称开元寺。五代后晋初，改名大普恩寺。辽末保大二年（112年）大部分毁于兵火。金初，该寺在上首圆满大师主持下重修，自天会六年（1128年至皇统三年（1143年）始成。元代仍名普恩寺并颇具规模。元史记载，曾有四万僧人奉元世祖忽必烈之命在此寺集会，作佛事活动。明代又予修缮，明正统十年（1445年始更称今名善化寺，当时该寺还作为官吏习仪的地方。

建筑布局

善化寺面积为13 900多平方米，整个布局唐风犹存。其主要建筑沿中轴线坐北朝南，渐次展开，层层叠高。中轴线上，依次排列着山门、三圣殿、大雄宝殿。大雄宝殿两侧有观音殿和地藏殿。大雄宝殿与三圣殿之间的西面，有一座独具风格的普贤阁，它是一处单檐九脊顶方形楼阁。

前为山门，中为三圣殿，均为金时所建。辽代遗构的大雄宝殿坐落在后部高台之上，其左右为东西朵殿，东侧为文殊阁遗址，西侧为金贞元二年所建的普贤阁。

设计特色

寺院建筑高低错落，主次分明，左右对称，是我国现存规模最大，最为完整的辽、金寺院。寺内还保存着泥塑、壁画、碑记等珍贵文物，其中金代泥塑造型优美，个性突出，特别是二十四天王像，它们有男，有女，有老，有少，有美，有丑，有文，有武，或是帝王装，或是臣子像，或坦膊赤足，披纱衣华似来自天竺国土，或身着铠甲，衬皮毛以抵御北国寒风。生活气息浓郁，极富感染力，堪称为国之瑰宝。

【史海拾贝】

说起三圣殿内的石碑，就不能不说当年为这座石碑撰写碑文的人——朱弁。朱弁祖籍徽州婺源，是南宋著名的文人。他曾自荐通问副使，作为使节参与南宋朝廷与金国的议和。这是一位不惧威胁、铁骨铮铮、刚强不屈的忠臣。后来议和失败，朱弁被扣留在金国16个寒暑，其中绝大部分时光都在善化寺度过。后世评价朱弁时，都说他是南宋时的苏武。

绍兴二年，金人忽然派遣宇文虚中来，说和议可行，但只能派一人到元帅府去接受国书回国，虚中让朱弁与正使王伦商量决定谁去谁留。朱弁想都没想便说：“我来了以后，本来就准备死了，哪里希望今天有机会先回去。希望正使能接受国书回去禀告天子，结成两国的友好关系，那么即使我将来尸骨暴露在外国，也永远感到像活着一样。”王伦只能答应。王伦将回去时，朱弁请求说：“古代的信使都有符节作为信物，现在没有符节，但是有官印在，官印也是信物呀。希望能留下官印，让我朱弁能够抱着它而死，死了也是不朽的。”于是，王伦解下官印交给了朱弁，朱弁接过后藏在怀里，和它同睡同起。

有一次，金人逼朱弁到刘豫那里当官，并且引诱他说：“这是你回国的第一步。”朱弁说：“刘豫是国贼，我曾经恨不得吃了他的肉，现在又怎么能忍受每天面对着他做他的大臣呢？我宁死不从！”金人发怒，中断了食物供应来逼迫他。朱弁忍受着饥饿，坚决不屈服。最后，金人也被他感动了，只能像原来一样地礼待他。

过了很久，金人又想调动他的官职，朱弁说：“自古两国交兵，使者处在中间，命令可让他听从的就让他听从，不可让他听从的就关押他，杀掉他，何必换他的官职？我的官是在自己的朝廷里接受的，我宁愿死，也绝不答应换官来使我们的国君受辱。”并且写下文书转交给耶律绍文等人，说：“您国封我官职的命令早晨来到，那么我就晚上死，晚上来到就早晨死。”接着又写信给后任的使者洪皓向他诀别说：“杀掉使者不是小事，如果刚好被我们赶上，那就是命中注定的，我们应当舍生来全义。”之后就准备了酒菜，召集被扣留的士大夫喝酒，酒饮半酣，朱弁告诉他们说：“我已经看好近郊的一个墓地，一旦我牺牲报国，诸位请把我埋在那个地方，在上面写上‘有宋通问副使朱公之墓’，我就很满意了。”众人听后都流下了眼泪，不能抬起头来。朱弁谈笑自如，说：“这是做臣子的常情，诸位悲痛什么呢？”金人知道他终不可屈，于是也就不再强迫他了。

善化寺

【天王殿】

善化寺的山门也就是天王殿，面阔五间，进深两间，单檐庑殿顶建筑。山门匾额上“威德护世”四个字出自明潞城端宪王朱俊梭手书。殿内供奉有东方持国天王、南方增长天王、西方广目天王、北方多闻天王四大天王塑像，这四尊塑像样貌造型各异，威武凛然。塑像最早塑于明代，民国年间重新进行过彩绘，因此直到今天仍色彩依旧、雄姿传神。

【三圣殿】

善化寺的三圣殿，也是一座单檐庑殿顶建筑，建在高1米多的台基之上，更显得格外巍峨庄严。三圣殿因供奉“华严三圣”——毗卢遮那佛、普贤菩萨和文殊菩萨而得名。在三圣殿内，还保存着一件极其珍贵的文物：金大定十六年（1176年）所刻的《大金西京大普恩寺重修大殿记》碑，这座石碑记载了善化寺的被毁及重修，对于研究善化寺的历史有着重要的价值。

【大雄宝殿】

大雄宝殿是善化寺的主殿，位于中轴线的最北端。相较于前方的三圣殿，它的台基更高，接近4米。殿前更有宽敞的月台、木牌坊，以及增建于明万历年间的钟亭、鼓亭做陪衬，使这座大雄宝殿更显壮丽和神圣。大雄宝殿面阔七间，进深五间，庑殿顶建筑。殿内的壁画描绘的是释迦牟尼佛讲经说法的佛教传说故事，壁画规模宏大、表现内容丰富、人物绘制精细、造型生动优美，实为中国现有壁画中的经典之作。

普賢閣
顔真卿書

【普贤阁】

善化寺的普贤阁建于金贞元年间（1153~1156 年），它的建筑结构以及建造手法明显是模仿了辽代的建筑风格。楼阁为重檐九脊顶，面阔三间，呈方形，高高耸立，气势轩昂，远远望去，更像是一座极具特色的方形木塔。

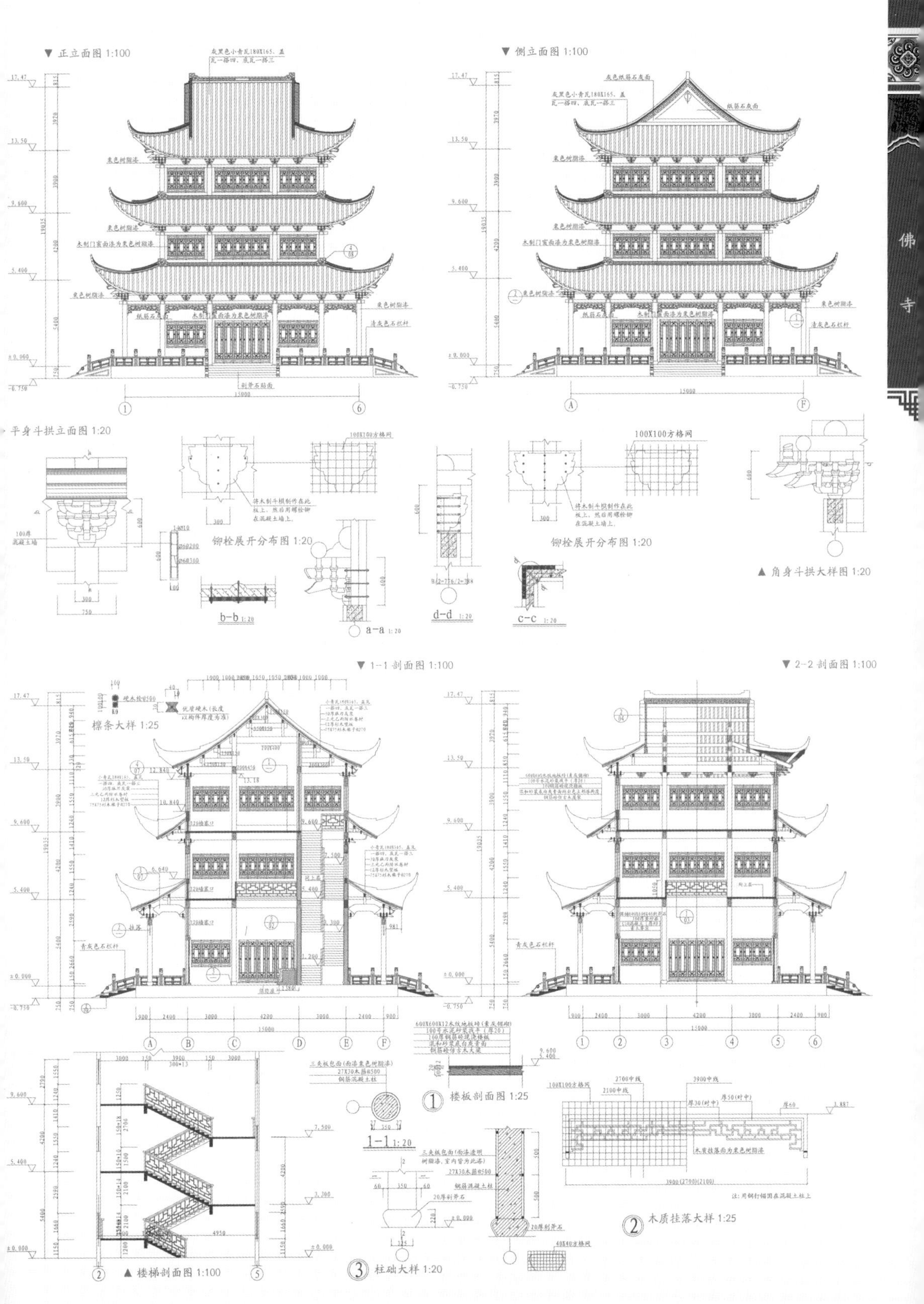
▼ 正立面图 1:100
▼ 侧立面图 1:100
平身斗拱立面图 1:20
铆栓展开分布图 1:20
铆栓展开分布图 1:20
▲ 角身斗拱大样图 1:20
b-b 1:20
a-a 1:20
d-d 1:20
c-c 1:20
▼ 1-1 剖面图 1:100
▼ 2-2 剖面图 1:100
檩条大样 1:25
▲ 楼梯剖面图 1:100
1-1 1:20
① 楼板剖面图 1:25
③ 柱础大样 1:20
② 木质挂落大样 1:25
注：用铜钉锚固在混凝土柱上

山西大同
恒山悬空寺

飞阁丹崖上
白云几度封
蜃楼疑海上
鸟到没云中

悬空寺

悬空寺是中国仅存的一座佛、道、儒三教合一的独特寺庙，以如临深渊的险峻而著称。悬空寺殿楼的分布都对称中有变化，分散中有联络。它利用力学原理半插飞梁为基，巧借岩石暗托，梁柱上下一体，廊栏左右相连，曲折出奇，虚实相生。全寺为木质框架式结构，在陡崖上凿洞插悬梁为基，楼阁间以栈道相通，背倚陡峭的绝壁，下临深谷，寺不大，但巧夺天工，也颇为壮观。

历史文化背景

悬空寺位于山西省大同市浑源县恒山金龙峡西侧翠屏峰的峭壁间，素有“悬空寺，半天高，三根马尾空中吊”的俚语，它以如临深渊的险峻而著称。

悬空寺建成于1400年前的北魏后期，是中国仅存的一座佛、道、儒三教合一的独特寺庙。北魏天兴元年（398年），建都平城（今大同市），北魏天师道长寇谦之（365-448年）仙逝前留下遗训：要建一座空中寺院，以达“上延霄客，下绝嚣浮”。之后天师弟子们多方筹资，精心选址设计，终于于北魏太和十五年（491年）建成悬空寺。唐开元

二十三年（735 年），李白游览悬空寺后，在岩壁上书写了“壮观”二字。悬空寺现存的建筑是明清两代修缮的遗物。

悬空寺原来叫“玄空阁”，“玄”取自于中国传统的道教教理，“空”则来源于佛教的教理，后来改名为“悬空寺”，是因为整座寺院就像悬挂在悬崖之上，在汉语中，“悬”与“玄”同音，因此得名。悬空寺是山西省重点文物保护单位，恒山十八景中“第一胜景”，它曾入选《时代周刊》世界十大不稳定建筑之一。

建筑布局

悬空寺殿楼的分布都是对称中有变化，分散中有联络，曲折回环，虚实相生，小巧玲珑，空间丰富，层次多变，小中见大，弹丸之地，布局紧凑，错落相依。整体呈“一院两楼”般布局，总长约 32 米，楼阁殿宇 40 间。悬空寺的主要建筑有寺院、禅房、佛堂、三佛殿、太乙殿、关帝庙、鼓楼、钟楼、伽蓝殿、送子观音殿、地藏王菩萨殿、千手观音殿、释迦殿、雷音殿、三官殿、纯阳宫、栈道、三教殿、五佛殿等。南北两座雄伟的三檐歇山顶高楼好似凌空相望，悬挂在刀劈般的悬崖峭壁上，三面的环廊合抱，六座殿阁相互交叉，栈道飞架，各个相连，高低错落。全寺初看时只有十几根大约碗口粗的木柱支撑，最高处距地面50来米。其实其中是以力学原理的半插横梁为基础，借助岩石的托扶，回廊栏杆、上下梁柱左右紧密相连而形成的一整个木质框架式结构，也增加了其抗震度。

设计特色

恒山悬空寺利用力学原理半插飞梁为基，巧借岩石暗托，梁柱上下一体，廊栏左右相连，曲折出奇，虚实相生。寺内有铜、铁、石、泥佛像80多尊。全寺为木质框架式结构，在陡崖上凿洞插悬梁为基，楼阁间以栈道相通，背倚陡峭的绝壁，下临深谷，寺不大，但巧夺天工，也颇为壮观。

悬空寺不仅外貌惊险，奇特、壮观，建筑构造也颇具特色，形式丰富多彩，屋檐有单檐、重檐、三层檐，结构有抬梁结构、平顶结构、斗拱结构，屋顶有正脊、垂脊、戗脊、贫脊。总体外观，巧构宏制，重重叠叠，造成一种窟中有楼，楼中有穴，半壁楼殿半壁窟，窟连殿，殿连楼的独特风格，它既融合了中国园林建筑艺术，又不失中国传统建筑的格局。悬空寺内现存的各种铜铸、铁铸、泥塑，石刻造像是具有较高艺术价值的珍品。

【史海拾贝】

相传在很多年前，悬空寺对面山上，有一座寺庙。寺庙不大，山高坡陡，除了一些家中有重病的香客外，很少有人来。寺里有个和尚，名叫白马法师，寺院也叫白马寺。白马法师守佛规，每当看到悬空寺的香客来来往往时就很嫉妒。一天，白马法师决心要和静悟道人个高低，他用拂尘向南一指，唐峪河便发起大水，水势很凶，很吓人，他再用手一指，大就向悬空寺冲来。这时，静悟道人正在寺里打坐，听见水声，就知道是白马法师在作怪。不慌不忙，口中念念有词，冲来的水也慢慢退下去了。一连七次，水都在离悬空寺只有1.6远的地方就上不去。白马法师没法子，只有用手一指，水顺流而下，把浑源城刮掉一角。

静悟道人见白马法师寻事，也火了，向空中大喊："黑鹰，你在哪里？"话音刚落，就山洞里飞出一只大黑鹰，落在悬空寺角楼上。静悟道人说："黑鹰，白马行为不正，是佛的败类，如果不管教，百姓将不得安宁，你去教训教训他，但不要伤了性命。"黑鹰听后啦啦地展开翅膀飞起来。白马法师不知静悟道人的道行有多大，更不知其大弟子的神通，见黑鹰飞到白马寺，用翅膀一扇，呼啦一声，眨眼间寺院便大火熊熊。白马法师逃到一边，快地一座寺院就化为灰烬。白马法师怕了，忙骑了一把扫帚，向空中逃去。临走时，还一甩拂尘，把大水抽出一股，朝黑鹰窝冲去，怎奈他法力有限，只把黑鹰洞口的石、泥渣冲洗了个干净。

如今人们只要到悬空寺，走进唐峪口半里地，抬头仰望，能看到半山上有一个洞。再往里走，与悬空寺对的恒山峰上，一块平地，隐可见一些残垣壁，那就是黑鹰洞和白马寺的遗址。

懸空寺

大雄寶殿

大雄宝殿

大雄宝殿

雷音殿

河南登封
嵩山少林寺

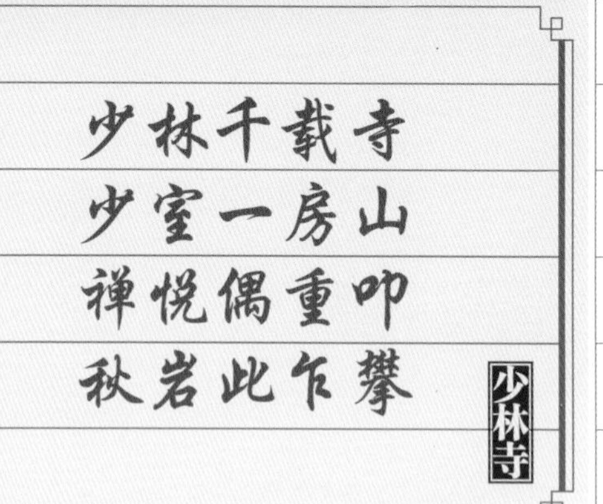

少林千载寺
少室一房山
禅悦偶重叩
秋岩此乍攀
少林寺

少林寺是汉传佛教的禅宗祖庭，号称“天下第一名刹”。从山门到千佛殿，少林寺共有七进院落，主要包括常住院、塔林和初祖庵等。少林寺塔林为古塔建筑群的世界之最。少林寺塔林是研究我国古代砖石建筑、书法雕刻、宗教传承、武术历史等方面的综合性实物资料。

历史文化背景

少林寺位于河南登封市嵩山五乳峰下，由于其坐落于嵩山腹地少室山的茂密丛林之中，故名“少林寺”。少林寺常住院占地面积约 57 600 平方米，现任方丈是曹洞正宗第47 世、第 33 代嗣祖沙门释永信。少林寺是汉传佛教的禅宗祖庭，号称“天下第一名刹”，因其历代少林武僧潜心研创和不断发展的少林功夫而名扬天下，有“天下功夫出少林，少林功夫甲天下”之说。

北魏

少林寺创建于北魏太和十九年(495 年)，孝文帝元宏为安顿来朝传授小乘佛教的印度僧人跋陀，因此在嵩山少室山建寺。

永平元年（506 年），印度高僧勒拿摩提和菩提流支先后到少林寺开辟译场，在少林寺西台舍利塔设立翻经堂翻译经书。之后慧光在少林寺弘扬《四分律》等师说，经多代发展，后世最终形成四分律宗。

北魏孝明帝孝昌三年（527 年），释迦牟尼佛第二十八代徒菩提达摩来到少林寺，他在跋陀开创的基础上，广集信徒，传授禅宗，东魏孝静帝天平三年（536 年）传法于慧可，从此禅学在少林寺落迹流传。

在南北朝佛教发展高峰期，北周武帝采纳还俗沙门卫元嵩删寺减僧的建议，在建德三年（574 年）下令禁止佛教传流，史称北周武帝灭佛，少林寺毁坏严重。

北周大象二年（580 年），北周静帝恢复少林寺，将其改名为陟岵寺。

隋唐宋

隋朝，隋文帝崇佛，将陟岵寺改为少林寺，并赐给少林寺土地一百顷，再加上其他赏赐，少林寺成为拥有百顷良田和庞大寺产的大寺院。

唐初，少林寺十三和尚因助唐有功，受到唐太宗的封赏，赐田千顷，水碾一具，并称少林僧人为僧兵，从此，少林寺名扬天下，被誉为天下第一名刹。

至唐宋年间，少林寺拥有土地 930 多公顷，寺基 36 公顷，楼台殿阁 5 000 余间，僧徒达 2 000 多人。达摩开创的禅宗教派在唐朝兴盛，是唐代佛教最大的宗派。

宋仁宗庆历三年（1043 年），庆历新政失败后，留心空宗者始于汴京（今开封）设立禅院。

北宋元祐八年（1093 年）左右，报恩禅师在少林寺弘扬曹洞宗风，终使少林寺“革律为禅”。

元明清

元代初，世祖命福裕和尚住持少林，并统领嵩岳一带所有寺院。福裕和尚住持少林期间，创建了钟楼、鼓楼，增修廊庑库厨，僧徒云集至此演武礼佛。

明朝嘉靖时期，日本倭寇袭扰中国沿海，少林僧侣抗倭有功，因此政府大规模修整寺院，少林寺还享有官府所赐予的免除粮差等特权。其后，少林僧人至少有六次被明朝政府征调，参与战事，并屡建功勋，所以朝廷又多次为少林寺树碑立坊修殿，而少林功夫在中国武术界的权威地位也得以确立。

清康熙四十三年（1704年），康熙皇帝亲书少林寺（原挂于天王殿，后移至山门）、宝树芳莲（原挂于大雄宝殿，后被火焚）二方匾额。

清雍正十三年（1735年），雍正皇帝亲览寺院规划图，审定方案，重建山门，重修千佛殿，少林寺这次大修缮和改建耗银达九千两。

清乾隆十五年（1750年），乾隆皇帝亲临少林寺，夜宿方丈室，写下众多诗词和匾额。

中华民国

中华民国建国初年，革命党人与北洋政府内战，少林寺屡遭战火之灾。民国十七年（1928年）春，亲孙文势力樊钟秀夺得巩县、偃师，进围登封，以少林寺为司令部。冯玉祥部下石友三于3月15日纵火焚烧法堂，次日，又令军士焚烧天王殿、大雄宝殿、钟楼、鼓楼、六祖堂、龙王殿、紧那罗殿、阎王殿、库房、禅堂，一大批珍贵文物及5480卷藏经化为灰烬。

中华人民共和国

“文革”期间，少林寺僧人被逼还俗，佛像被毁，寺产被侵。“文革”结束后，少林寺修缮重建，现存建筑当中包括著名的大雄宝殿、达摩面壁石等均属仿古重建建筑，但一些地方如古代练武场、塔林及部分石刻仍属于古代的原物遗存。

1996年12月，初祖庵和少林寺塔林被列为全国重点文物保护单位。

2010年8月，第34届世界遗产大会被联合国教科文组织审议通过，被列入世界文化遗产。

2013年5月，中国国务院将少林寺古建筑列为第七批全国重点文物保护单位。

建筑布局

少林寺常住院建筑位于河南登封少溪河北岸，从山门到千佛殿，共七进院落，总面积约7 600平方米，主要包括常住院、塔林和初祖庵等。常住院的建筑沿中轴线自南向北依次是山门、天王殿、大雄宝殿、藏经阁（法堂）、方丈院、立雪亭、千佛殿。另外，寺西有塔林，北有初祖庵、达摩洞、甘露台，西南有二祖庵，东北有广慧庵。寺周还有同光禅师塔、法如禅师塔和法华禅师塔等古塔10余座。

设计特色

少林寺是中国规模最大的一座古塔建筑群，也是世界上最大的古塔建筑群，少林寺塔林被入选为中国世界纪录协会“世界最大的古塔建筑群”，为古塔建筑群的世界之最。少林寺塔林是研究我国古代砖石建筑、书法雕刻、宗教传承、武术历史等方面的综合性实物资料。少林寺塔林现存有唐、五代、宋、金、元、明、清古塔228座，现代塔两座。加上常住院中的两座宋塔，二祖庵附近三座唐、元、明砖塔，三祖庵一座金代砖塔以及塔林周围10座砖石塔，共计246座墓塔或佛塔，构成了非常壮观的少林寺砖石塔建筑群。塔林中的座座古塔，从大到小，从砖到石，从平面方形到六角形、八角形、圆形，从楼（亭）阁式到密檐式、喇嘛式，从单檐式到多檐式等等，昭示着中华民族悠久的建筑文明，展示了建筑技术的高超水平。

【史海拾贝】

曹洞正宗起源：历史资料记载嵩山少林寺在元代以前是属于十方选贤住持寺院，曾有佛教禅宗的临济、沩仰、法眼、云门、曹洞等五大宗派僧侣同住修行。元初，雪庭福裕禅师住持少林寺以后，将原有的五大宗派僧侣统一尊立曹洞宗为正宗，创立了少林寺曹洞正宗派别，并撰写了子孙辈诀，此后历代少林寺弟子均照此取名，自此嵩山少林寺称为子孙推贤住持寺院。谱诀共70字（雪庭曹洞正宗），内容是：

福、慧、智、子、觉，了、本、圆、可、悟。

周、洪、普、广、宗，道、庆、同、玄、祖。

清、静、真、如、海，湛、寂、淳、贞、素。

德、行、永、延、恒，妙、体、常、坚、固，

心、郎、照、幽、深，性、明、鉴、崇、祚。

忠、正、善、禧、祥，谨、恋、愿、济、度。

雪、庭、为、寻、师，引、汝、归、铭、路。

目前最常见的是：德、行、永、延、恒字辈。现任少林寺方丈释永信为“永”字辈弟子。

【山门】

山门为少林寺大门，清雍正十三年（1735年）修建，1974年重新翻修。门额上有清康熙帝亲笔所提“少林寺”三个大字。匾正中上方刻有“康熙御笔之宝”六字印玺。山门前有石狮一对，雄雌相对，是清代雕刻。山门的八字墙东西两边对称立有两座石坊，东石坊外横额：“祖源谛本”四字，内横额“跋陀开创”；西石坊内横额：“大乘胜地”，外横额：“嵩少禅林”。山门的正门是一座面阔三间的单檐歇山顶建筑，它坐落在两米高的砖台上，左右配以硬山式侧门和八字墙。

少林寺

少林藥局

慈雲堂

觀音閣

藏經閣
安全出口
EXIT

明陽統立

【大雄宝殿】

大雄宝殿是寺院佛事活动的中心场所，与天王殿、藏经阁并称为三大佛殿。原建筑毁于民国十七年（1928年），1986年重建。殿内供释迦牟尼、药师佛、阿弥陀佛的神像，殿堂正中悬挂康熙皇帝御笔亲书的“宝树芳莲”四个大字，屏墙后壁有观音塑像，两侧塑有十八罗汉像。殿内供奉着释迦牟尼、阿弥陀佛、药师佛的神像，屏墙后面悬塑观音像，两侧有十八罗汉侍立。大雄宝殿东侧的殿宇是紧那罗殿，重建于1982年。

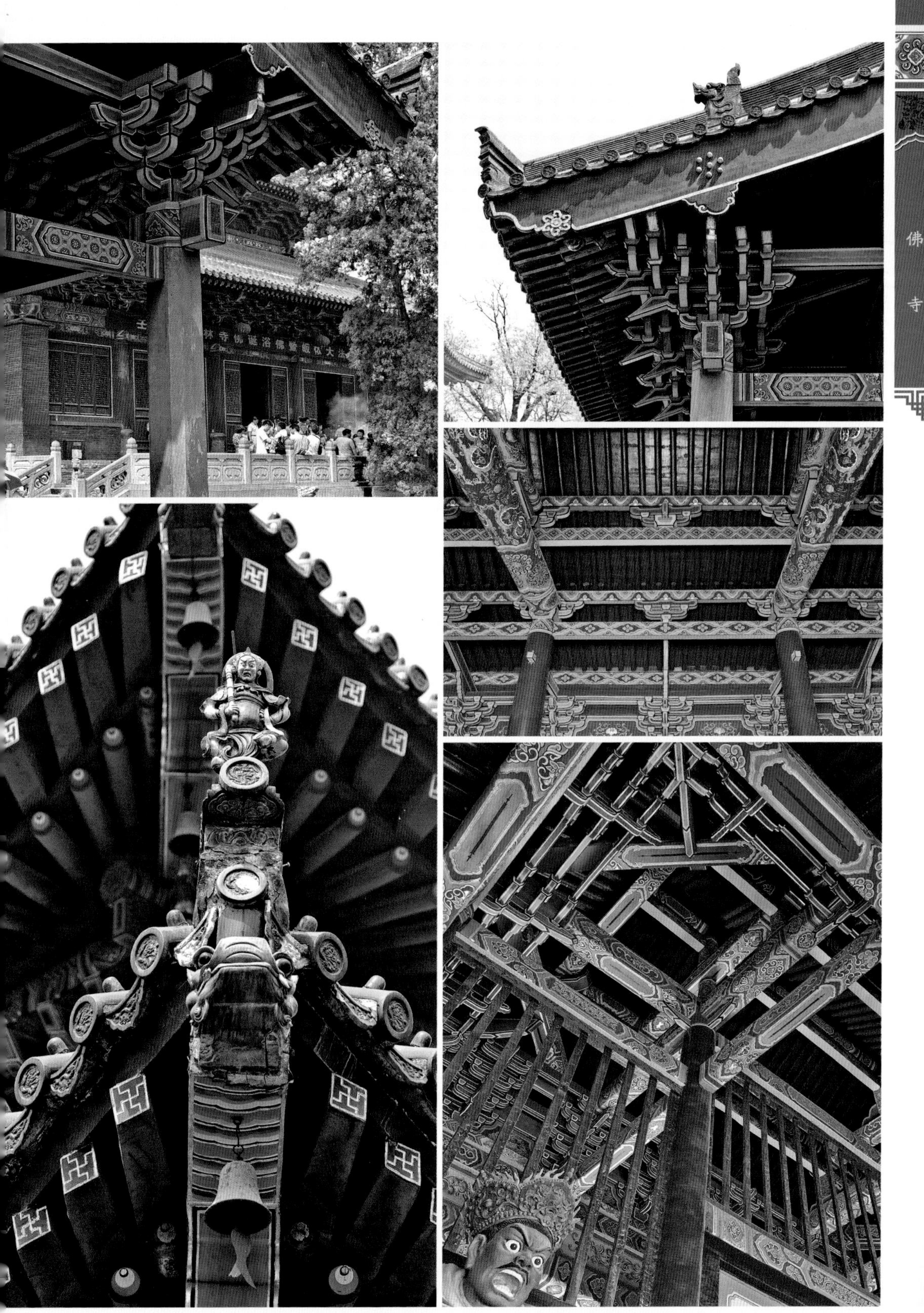

【塔林】

塔林位于少林寺西约300米的小山脚下，占地面积约20 000平方米，有唐、宋、金、元、明、清及现代砖石墓塔231座。这里是历代少林高僧安息的墓地。现存唐朝至清朝历代砖、石墓塔240余座。1996年，少林寺塔林和初祖庵被公布为国家级重点文物保护单位。因塔类繁多，大小参差，高低不同，粗细不一，形式多样、排列散乱，看似茂林，故称为塔林。

少林寺塔林中这些造型优美、雕刻精湛的砖石雕刻，特别是100多座雕刻精湛的石构塔刹和绚丽多姿的砖雕图案，实为珍贵的砖石艺术佳品，是研究古代雕刻艺术不可多得的实物资料，是欣赏砖石雕刻艺术的殿堂。

河南开封大相国寺

古寺庆重光千年来水火兵灾屡经坏而成住
法云期广荫四海内闻思修众愿同护念更昌隆

大相国寺

大相国寺是中国著名的佛教寺院。寺院为中国传统的轴称布局，主要建筑有山门、天王殿、大雄殿、八角琉璃殿、藏经楼等，由南至北沿轴线分布，大殿两旁东西阁楼和庑廊相对而立。藏经阁和大雄宝殿均为清朝建筑，形式上重檐歇山，层层斗拱相迭，覆盖着黄绿琉璃瓦。殿与月台周围有白石栏杆相围，八角琉璃殿于中央高高耸起，四周游廊附围，顶盖琉璃瓦件，翼角皆悬持铃铎。

历史文化背景

大相国寺，原名建国寺，位于开封市自由路西段，是中国著名的佛教寺院，相传为战国时魏公子信陵君故宅。

北齐天保六年（555 年），在此创“建国寺”，后遭水火两灾而毁，已有 1400 多年历史。

唐初，为歙州司马郑景住宅。长安元年（701 年）慧云和尚募银建寺。延和元年（71年），睿宗敕令改名为相国寺，并赐“大相国寺”匾，习称相国寺。昭宗大顺年间（890~89年）被火焚毁，后重修。

宋太祖建隆三年（962 年）五月，又遭火灾，后又重建。至道元年（995 年）开始大规模扩建，咸平四年（1001 年）完工。

明洪武二年（1396 年）敕修，后又遭水患永乐四年（1406 年）、成化二十年（1484 年）两次进行修缮，并被赐“崇法寺”。嘉靖十六年（1537 年）重修资圣阁。嘉靖三十二年（1553 年）与万历三十五年（1607 年）又重修。崇祯十五年（1642 年）黄河泛滥，开封被淹，建筑全毁。

清顺治十八年（1661 年）重建山门、天王殿、大雄宝殿等，并复名相国寺。康熙十年（1671
年）重修藏经楼。康熙十六年（1677 年）至二十一年（1682 年）又增建中殿及左右庑廊。乾
隆三十一年（1776 年）又重修，现存殿宇均为那时所建造。嘉庆二十四年重修“智海禅院”，
道光、光绪年间也作过一些零星修整。

民国初年（1912~1919 年）曾翻修八角殿、改建法堂。民国十六年（1927 年）冯玉祥将相
国寺改为“中山市场”。民国二十二年（1933 年）刘峙将省立民众教育馆迁入相国寺。

1949 年后，相国寺又得以重修、恢复。1992 年 8 月恢复佛事活动，复建钟、鼓楼等建筑。

建筑布局与特色

大相国寺为中国传统的轴称布局，主要建筑有大门、天王殿、大雄宝殿、八角琉璃殿、
藏经楼等，由南至北沿轴线分布，大殿两旁东西阁楼和庑廊相对而立。藏经阁和大雄宝殿均
为清朝建筑，形式上重檐歇山，层层斗拱相迭，覆盖着黄绿琉璃瓦。殿与月台周围有白石栏

杆相围。八角琉璃殿于中央高高耸起，四周游廊附围，顶盖琉璃瓦件，翼角皆悬持铃铎。殿内置木雕密宗四面千手千眼观世音巨像，高约7米，全身贴金，相传为一整株银杏树雕成，异常精美。钟楼内存清朝高约4米的巨钟一口，重万余斤，有“相国霜钟”之称，为开封八景之一。

【史海拾贝】

隋朝末年，群雄逐鹿中原，秦王李世民率领大军攻占了开封。他刚把帅帐安置在前朝老乔相国家中，即到全城巡视。这座古城由于苛政和战乱已经破烂不堪了，李世民沿途所见都是残垣断壁，饿殍载道，真是触目惊心。傍晚，李世民闷闷不乐地回到相府，只见后花园内乌烟瘴气，火光冲天。一打听，原来是乔相国正指挥仆人焚烧锡箔纸钱，他这一生享尽人间富贵，生怕死后受苦受穷，便预先把钱存放阴间。

李世民回到卧室，思绪万千，百感交集，加上鞍马劳顿，不觉神思恍惚。当他朦胧之际，忽听耳畔有人大声喝道：“李世民，快随我走！”李世民睁开眼一看，面前站着一个青面獠牙、披头散发的怪物。“你是何方神灵？”李世民问道。“勾命鬼是也！”李世民一惊，想去拔腰间佩剑，无奈手脚酥软，动弹不得。李世民身不由己，浑浑噩噩，一下子跌入万丈深渊。他刚一站定，面前就出现一座黑漆漆、阴森森的大铁门，门上还写着两个大字：“地狱”。他不由浑身打个冷战，方知大事不好。进入里面，阎罗王高踞正中宝座，黑、红脸判官侍立两旁。阎王翻开生死簿，念道：“李世民六十岁，乔相国府中管家……”他看一眼台阶下的李世民，说道：“哎呀，抓错人了。”黑脸判官说：“有错抓无错放。这家伙油水不少，不能放。”红脸判官见阎王点头，忙劝阻道：“人间正待李世民统一江山，造福黎民，如若不放他生还，民怨沸腾，直达天庭，玉皇大帝追究下来，大王吃罪不起。”阎王一听也有道理，不禁左右为难。红脸判官又说：“不如让李世民拿出一笔赎命钱。”在人矮檐下，怎敢不低头。李世民急于脱离樊笼，只得忍气吞声地道：“等我打下江山，定将金银珠宝奉上。”阎王说：“不好，等得太久。我倒有个主意，乔相国在我这里存了三万银两你可以借用。”李世民只得写下借据。阎王冷不防朝李世民猛击一掌，他顿时晕头转向腾入云雾之中，吓得冷汗直冒，惊呼救命。睁开双眼，只见众卫士环跪床前，齐声呼唤道：“殿下醒来……”李世民惊魂稍定，才发觉原来是一场恶梦。

次日，李世民把梦中的情景对部下叙说一遍，问吉凶。一位将领道：“昼有所思，夜有所梦，殿下痛恨贪官污吏，关心良善百姓，方有此梦。”一位谋士道：“阴曹地府尚且如此黑暗，人世间多有不平，隋炀帝荒淫无道，苛政猛于虎，民不聊生，揭竿而起，历代兴亡，望殿下深思……”李世民点头称是。后来他推翻隋朝当了皇帝，采取了许多开明措施，改革吏治，安抚百姓，政通人和，国泰民安。李世民登基后，便把乔相国召到长安，要还他三万两银子，乔相国哪里敢要？叩头如捣蒜，死活不认帐。当皇帝的是金口玉言，不能有借无还，李世民只得说：“既然你执意不要，就用这笔钱在开封给你盖座寺院吧，也好为百姓驱魔镇邪。”因此这座寺院是唐太宗为了向乔相国还账而盖的，就起名叫大相国寺。

【钟鼓两楼】

大相国寺的钟鼓两楼为 1992 年重新修建。钟楼中悬挂的铜钟乃是清乾隆年间的遗物，重达五吨，高 2.23 米，口径 1.81 米，上铸“法轮常转，皇图永固，帝道暇昌，佛日增辉”十六字铭。钟声响亮优美，尤其是秋冬霜天叩击，声音清越，响彻全城，素有“相国霜钟”的美誉，是为汴京八景之一。

鼓樓

大相国寺简介

鼓樓
真禅

大雄寶殿
敬香祈福

大雄寶殿
佛日增輝

【大雄宝殿】

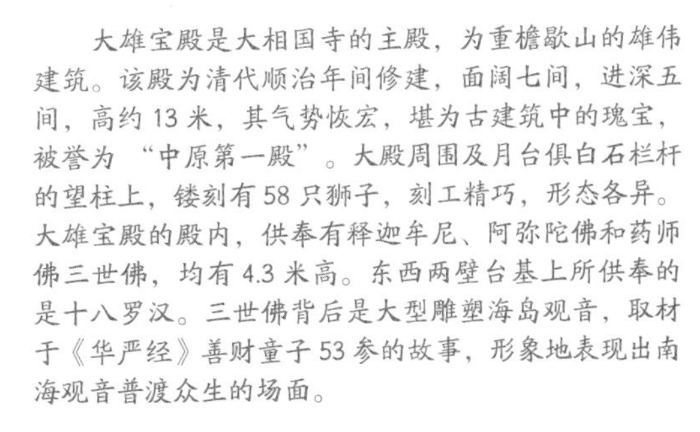

大雄宝殿是大相国寺的主殿，为重檐歇山的雄伟建筑。该殿为清代顺治年间修建，面阔七间，进深五间，高约 13 米，其气势恢宏，堪为古建筑中的瑰宝，被誉为 “中原第一殿”。大殿周围及月台俱白石栏杆的望柱上，镂刻有 58 只狮子，刻工精巧，形态各异。大雄宝殿的殿内，供奉有释迦牟尼、阿弥陀佛和药师佛三世佛，均有 4.3 米高。东西两壁台基上所供奉的是十八罗汉。三世佛背后是大型雕塑海岛观音，取材于《华严经》善财童子 53 参的故事，形象地表现出南海观音普渡众生的场面。

【八角琉璃殿】

中轴线上的第三个佛殿叫罗汉殿，八角造型，俗称“八角琉璃殿”，其造型独特，在中国佛教寺院中可谓独一无二。该殿为清乾隆年间所建，占地面积828平方米，由游廊殿、天井院和中心亭三部分组成。罗汉殿中心耸立的八角亭中，供奉一尊四面千手千眼观音菩萨像。这尊像是一株完整的银杏树雕刻而成，是乾隆年间一名民间的无名艺人用了58年心血完成的艺术杰作。像高3米多，重约2000千克，四面造型相同，每面各有6只大手及扇状小手三至四层，每只手掌中均刻有一眼，共计1048只眼，民间俗称“千眼千手佛”，为观音菩萨三十二变相之一。此造像不仅材料珍贵，雕工更是精巧，可谓鬼斧神工，甚是神奇，是大相国寺的镇寺之宝。

法門龍象
大慈大悲

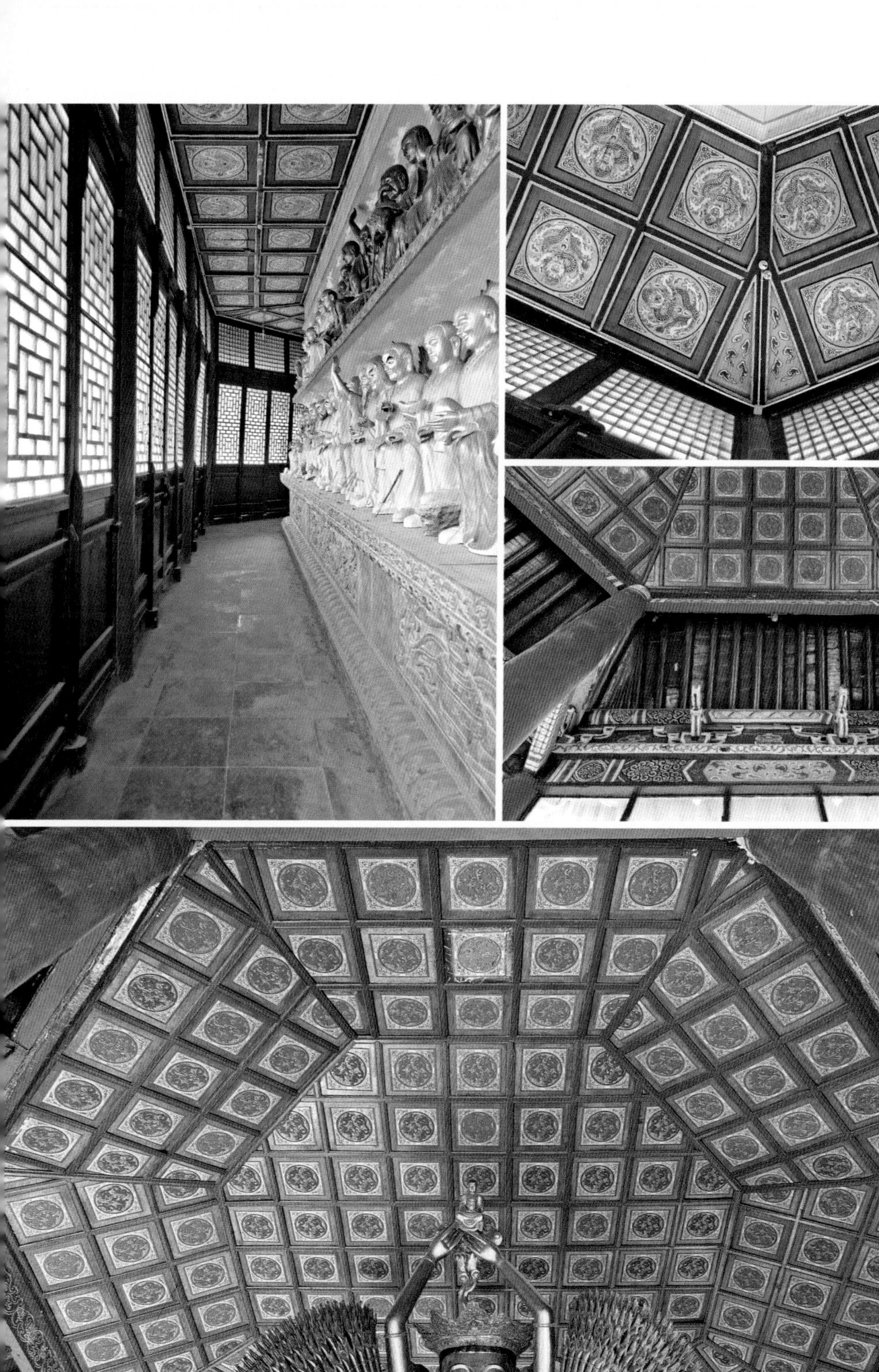

河南洛阳白马寺

白马驮经事已空
断碑残刹见遗踪
萧萧茅屋秋风起
一夜雨声羁思浓

白马寺

白马寺是佛教传入中国后兴建的第一座寺院，有中国佛教的“祖庭”和“释源”之称。整个寺庙坐北朝南，为一长形院落，布局规整，风格古朴。其主要建筑有天王殿、大佛殿、大雄宝殿、接引殿、毗卢阁等，均列于南北向的中轴线上。设计特色多为单檐与重檐歇山式建筑，东西面阔五间，南北进深四间。现存的遗址古迹为元、明、清时所留。

历史文化背景

河南洛阳白马寺位于河南省洛阳市老城以东12千米处，创建于东汉永平十一年（6年），为中国第一古刹、世界著名伽蓝。它是佛教传入中国后兴建的第一座寺院，有中国佛教的“祖庭”和“释源”之称。现存的遗址古迹为元、明、清时所留。寺内保存了大量元代夹纻干漆造像如三世佛、二天将、十八罗汉等，弥足珍贵。

东汉永平七年（64年），汉明帝刘庄因夜梦金人，便遣使西域 拜求佛法。东汉永平十年（67年），汉使及 印度二高僧迦叶摩腾、竺法兰以白马驮载佛经佛像抵达洛阳，汉明帝躬亲迎奉。东汉永平十一年（68年），汉明帝敕令在洛阳雍门外建僧院，为铭记白马驮经之功，故赐名该僧院为白马寺。

后来白马寺几经破坏与修缮。东汉初平元年（190年），以渤海太守袁绍为盟主的各地联军，对洛阳形成了半包围的阵势。为防止人民逃回，他便把洛阳城周围二百里以内的房屋全部烧光，白马寺被烧荡殆尽。

东汉建安二十五年（220 年），曹丕自称皇帝，即位于许昌。在东汉洛阳废墟之上，重新营建洛阳宫，也包括重建白马寺。

西晋永安元年（304 年），司马颙部将张方攻入洛阳，烧杀虏掠，在长期的战乱兵火中，白马寺再一次遭受严重破坏。

在北魏末年的“永熙之乱”中，白马寺虽难于幸免，但还是残存下来了。

唐武周垂拱元年（685 年），武则天敕修白马寺，这是白马寺历史上的黄金时代。

唐代天宝十四年（755 年）发生“安史之乱”，对东都洛阳的破坏甚为严重。“安史之乱”以后的白马寺，还保存着一些唐代或唐代以前的断碑。

唐代末年，洛阳长时期陷入战乱兵火。白马寺再次遭受战乱的破坏。

宋代淳化三年（992 年），宋太宗敕修白马寺。

明代洪武二十三年（1390 年），明太祖朱元璋敕修白马寺，景泰年间（1450~1457 年），明政府曾规定各地寺观产业限制为 4 公顷。嘉靖三十四年（1555 年），朝廷司礼监掌印太监兼总督东厂黄锦，又一次大规模整修白马寺。由黄锦撰文的《重修古刹白马禅寺记》石碑，保存了关于此次重修的详细资料。此次重修，大体上奠定了今日白马寺的规模和布局，在白马寺沿革史上意义重大。据解放后地面实测，白马寺总面积为 40 000 平方米左右，这和明代重修时占地 4.1 公顷的记载基本相合。

清代同治元年（1862 年），立佛殿（接引殿）被焚烧，光绪九年（1883 年）重建。接引殿是寺内现存规模最小，重建最晚的一重大殿。清代宣统二年（1910 年），曾重修清凉台之毗卢阁。

1931 年，国民党中央委员张继委请上海佛教会德浩法师住锡白马寺，重新营建寺院。抗日战争爆发后，中州大地处于战乱兵火之中，白马寺两度败落，墙颓殿倾，野草没膝，一片荒凉景象，一直持续到新中国成立前夕。

新中国成立后，白马寺先后于 1952 年、1954 年、1959 年多次拨专款重修。“文革”之时白马寺又一次惨遭破坏。1961 年，白马寺被中华人民共和国国务院公布为第一批全国重点文物保护单位。1972 年对白马寺进行全面修复，这一次重修，前后持续十年，用款数十万之多翻修主要殿阁，彩绘天棚、梁、架、斗拱，油漆门窗、殿柱，广聘新老艺人塑造佛像，贴金涂彩，培植花木，砌阶修路。使千年古刹，面貌为之一新。1983 年，白马寺被国务院确定为全国汉传佛教重点寺院。

建筑布局

白马寺整个寺庙坐北朝南，为一长形院落，总面积约 40 000 平方米。其主要建筑有天王殿、大佛殿、大雄宝殿、接引殿、毗卢阁等，均列于南北向的中轴线上。虽不是创建时的“悉依天竺旧式”，但寺址从未迁动过，因而汉时的台、井仍依稀可见。

整座寺庙布局规整，风格古朴。寺大门之外，广场南有近些年新建的石牌坊、放生池、石拱桥，其左右两侧为绿地。左右相对有两匹石马，大小和真马相当，形象温和驯良，这是两匹宋代的石雕马，身高 1.75 米，长 2.20 米，作低头负重状。相传这两匹石雕马原在永庆公主（宋太祖赵匡胤之女）驸马、右马将军魏咸信的墓前，后由白马寺的住持德结和尚搬迁至此。走进山门，西侧有一座《重修西京白马寺记》石碑。这是宋太宗赵光义下令重修白马寺时，由苏易简撰写，刻碑于淳化三年（992 年）立于寺内。碑文分五节，矩形书写，人称“断文碑”。山门东侧有一座《洛京白马寺祖庭记》石碑，这是元太祖忽必烈两次下诏修建白马寺，由当时白马寺文才和尚撰写，至顺四年（1333 年）著名书法家赵孟頫刻碑，立于寺内，人称“赵碑”。

白马寺山门采用牌坊式的一门三洞的石砌弧券门。“山门”是中国佛寺的正门，一般由三个门组成，象征佛教“空门”“无相门”“无作门”的“三解脱门”。由于中国古代许多寺院建在山村里，故又有“山门”之称。明嘉靖二十五年（1546 年）曾重建山门。红色的门楣上嵌着“白马寺”的青石题刻，它同接引殿通往清凉台的桥洞拱形石上的字迹一样，是东汉遗物，为白马寺最早的古迹。

山门内东西两侧有摄摩腾和竺法兰二僧墓。五重大殿由南向北依次为天王殿、大佛殿、大雄宝殿、接引殿和毗卢殿。每座大殿都有造像，多为元、明、清时期的作品。毗卢殿在清凉台上，清凉台为摄摩腾、竺法兰翻译佛经之处。此外，还有碑刻 40 多方，对研究寺院的历史和佛教文化有重要的价值。

设计特色

1990 年前，白马寺主要建筑有寺院的山门、殿阁、齐云塔院。1990 年后，在原有建筑的基础上，白马寺增加了钟鼓楼、泰式佛殿、卧玉佛殿和齐云塔院内的客堂、禅房等。佛殿位于由南到北的中轴线上，从前到后依次分布着山门、天王殿、大佛殿、大雄宝殿、接引殿、清凉台和毗卢阁等主要建筑。其中，天王殿为单檐歇山式，东西面阔五间，南北进深四间，内供明代夹纻弥勒佛像、泥塑四大天王像、韦驮天将像等；大佛殿为单檐歇山式，东西面阔五间，南北进深四间，内供一佛，文殊、普贤二菩萨，迦叶、阿难二弟子，二供养人，观音菩萨等塑像；大雄宝殿为悬山式，东西面阔五间，南北进深四间，内供释迦、阿弥陀、药师三世佛，韦驮、韦力二天将，十八罗汉等 23 尊元代夹纻造像，韦力天将泥塑像等；接引殿为硬山式，面阔三间，进深两间，内供阿弥陀佛及观世音、大势至二菩萨像；毗卢阁为重檐歇山式，位于清凉台之上，东西面阔五间，南北进深四间，内供毗卢佛及文殊、普贤二菩萨

【史海拾贝】

东汉永平七年（64 年）正月十五元宵佳节，汉明帝夜寐南宫，梦见一个高大的金人，身长丈六，自西方而来，在殿庭上飞绕。第二天早晨，汉明帝召集大臣，告其所梦。傅毅启奏道：臣闻西方有神，名曰佛，形如陛下所梦者。汉明帝听了之后便派大臣郎中蔡愔、博子弟子秦景等 18 人，出使西域（汉代西域，狭义讲是指我国新疆一带地方；广义上讲，也包括葱岭即帕米尔高原以西中亚、西亚、南亚以及欧洲东南部、非洲北部一些地方），拜求佛法。永平八年（65 年），蔡、秦等东汉使者告别帝都，踏上了“西天取经”的万里征途。越过旷无人烟、寸草不生的八百里流沙，攀上寒风驱雁、飞雪千里的茫茫葱岭，他们来到大月氏国（今阿富汗境至中亚一带），刚好遇到正在当地游化宣教的印度高僧、佛学大师摄摩腾（即迦叶摩腾，亦称竺摩腾）、竺法兰，得见佛经和释迦牟尼白氎佛像。东汉使者们便相邀腾、兰二高僧东赴中国弘法宣教。

永平十年（67 年），汉使梵僧以白马驮载佛经、佛像同返国都洛阳。汉明帝对二位印度高僧极为礼重，亲予接待，并将他们安置在当时负责外交事物的官署——鸿胪寺暂住。翌年，汉明帝敕令于洛阳城（指东汉时的洛阳城，遗址位于今洛阳城东 15 千米）西雍门（东汉洛阳西面有三座城门，中间一门叫雍门）外三里御道北兴修僧院。“于其壁，画千乘万骑，绕塔三匝，又于南宫清凉台及开阳门上作佛像”（《理惑论》）。这就在东土大地，周、孔、老、庄之邦，洛河之滨，天子脚下，诞生了中国最早的一座佛寺——洛阳白马寺。此后不久，汉明帝又以摄摩腾之对，敕令兴建齐云塔。

中國第一古剎
覺林

中國第一古剎
覺林

白馬寺

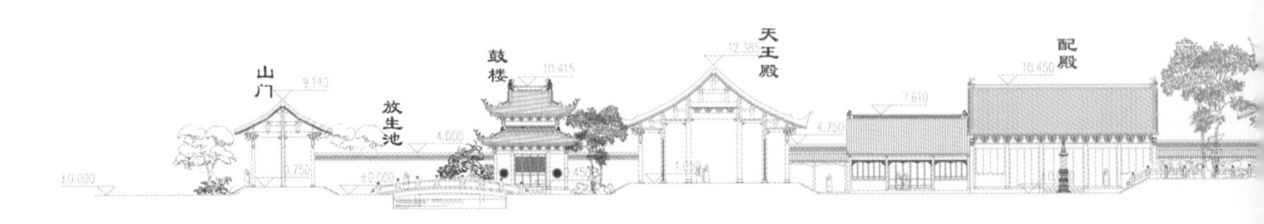
山门
9.140
放生池
鼓楼
10.415
天王殿
12.385
配殿
10.450
7.610
4.750
4.000
±0.000
±0.000
3.750

國
白馬寺

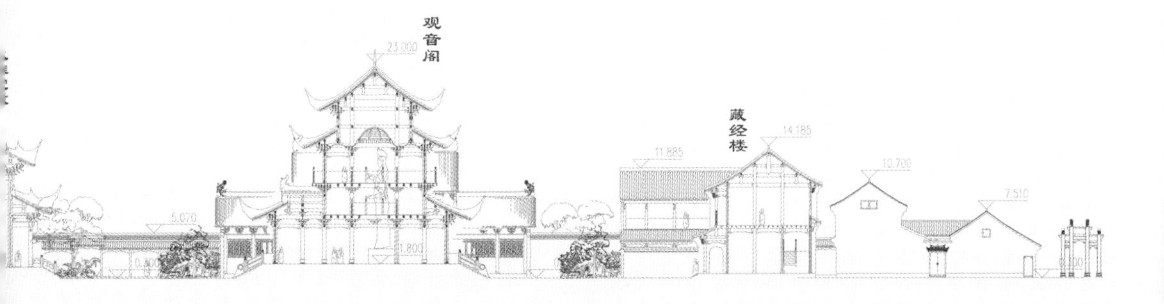
观音阁
23.000
藏经楼
14.185
11.885
10.700
7.510
5.070
1.800

【钟楼】

位于山门内南北中轴线东侧。钟楼由日本国中村包行先生捐资 400 万日元、白马寺出资 60 万元人民币于 1991 年 6 月建成。钟楼为方形角楼，高 7 米，重檐歇山式，上覆灰色筒瓦，额枋彩绘，建于石砌台基之上。钟楼的建成恢复了寺院晨钟暮鼓的礼佛仪式，恢复了历史悠久的“洛阳八景”之一——“马寺钟声”。

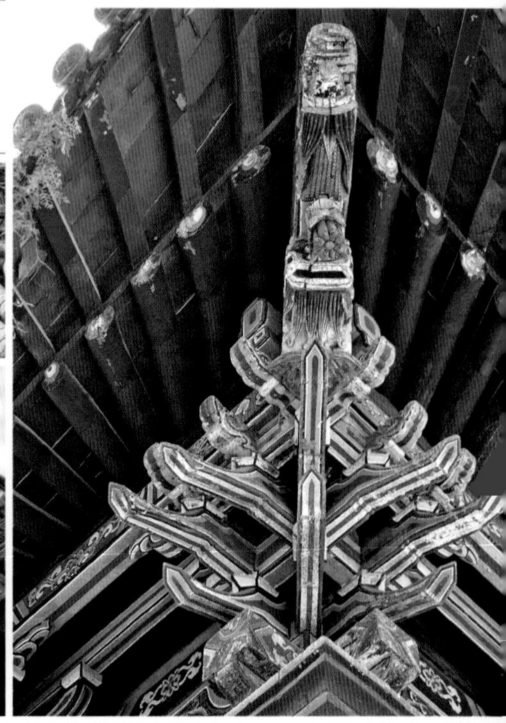

慈航普渡

登無上座
獅窟

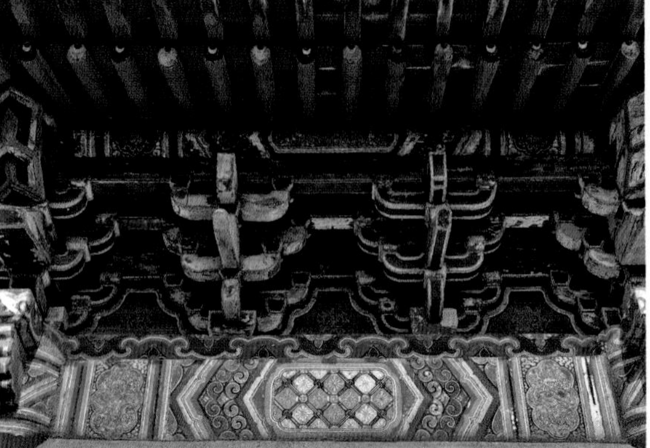

【法宝阁与藏经阁】

二阁分别位于清凉台的东、西两侧，坐落在东西长 25.2 米，南北宽 22.5 米，高 5 米的台基之上，于 1995 年建成。二阁形制相同，重檐歇山式，坐北朝南，面阔五间，进深四间，长 18.5 米，宽 12.95 米，朱漆圆柱，额枋彩绘，上覆灰色筒瓦。其中，藏经阁内供奉着泰国佛教界赠送给白马寺的中华古佛，收藏有各种版本的大藏经 10 余种；法宝阁内供奉着 1993 年印度总理拉奥访华时赠送的一尊铜佛像，并收藏有数十种“法宝”。

藏經閣
藏經閣
西碑——西安碑林書法藝術交流中心書法作品巡

河南登封
嵩山大法王寺

嵩门胜景冠中洲
幸此登临值仲秋
皓魄初悬苍谷口
清光满射碧山头

大法王寺

大法王寺是佛教传入中国后建造最早的寺院之一。寺前两山对峙，中间辟有公路，上通寺院，下达现代化旅游名城登封市，可谓是“深山藏古寺”。大法王寺依山而建，从低到高七进院落，有山门、金刚殿、天王殿、大雄宝殿、地藏殿、西方圣人殿、藏经阁，规模宏大，结构严谨，殿堂楼阁，金碧辉煌。大法王寺周围现存有和尚塔6座，其中有密檐式唐塔1座，单层唐塔3座，元塔和清塔各1座。

历史文化背景

嵩山大法王寺位于河南省登封市北五千米的太室山南麓玉柱峰下。它是东汉古刹，始建于东汉明帝永平十四年（71年），距今已有1900多年历史，比洛阳白马寺晚三年，比少林寺早424年，是佛教传入中国后建造最早的寺院之一。魏明帝青龙年间（233~237年）改为护国寺。西晋时于寺前增建法华寺。隋初造舍利塔，改名舍利寺。唐太宗贞观年间（627~649年），敕命补修佛像，赐予庄园，改为功德寺。玄宗开元年间（713~741年），改称御容寺。代宗大历年间（766~779年），重修殿堂楼阁，改名文殊师利广德法王寺。至五代时废坏，而分为五院，仍沿袭护国、法华、舍利、功德、御容等旧称。北宋初，合称五院。仁宗庆历年间（1041~1048年）增置殿宇、僧寮，重造佛像，改称“嵩山大法王寺”。今存毗卢殿、大雄宝殿及方形十五层砖塔等。1995年，大法王寺被国务院公布为全国重点文物保护单位，是国内开放的宗教活动场所。

建筑布局

寺院东西北三面群山环抱，苍松翠柏，郁郁葱葱。寺前两山对峙，中间辟有公路，上通寺院，下达现代化旅游名城登封市，可谓是“深山藏古寺”。大法王寺依山而建，占地面积4 000 余平方米，建筑面积达 5 500 平方米，从低到高七进院落，有山门、金刚殿、天王殿、大雄宝殿、地藏殿、西方圣人殿、藏经阁（白玉卧佛殿），规模宏大，结构严谨，殿堂楼阁，金碧辉煌。

设计特色

大法王寺寺内现有房 40 余间，保留的文物中有不少的古塔、古树和石刻。寺周围现存有和尚塔 6 座，其中有密檐式唐塔 1 座，单层唐塔 3 座，元塔和清塔各 1 座。古人称颂大法王寺为“嵩山第一胜地”、“环天下皆山，惟嵩高当天地之中。占名山皆寺，惟法王据形势之最佳”。在古刹林立的嵩山，大法王寺被誉为“嵩山第一胜地”是当之无愧的。寺内的晶莹宝塔、碑刻造像、殿堂楼阁、文物典籍等佛教文化的精粹，已经成为伟大的华夏文化不可分割的组成部分。

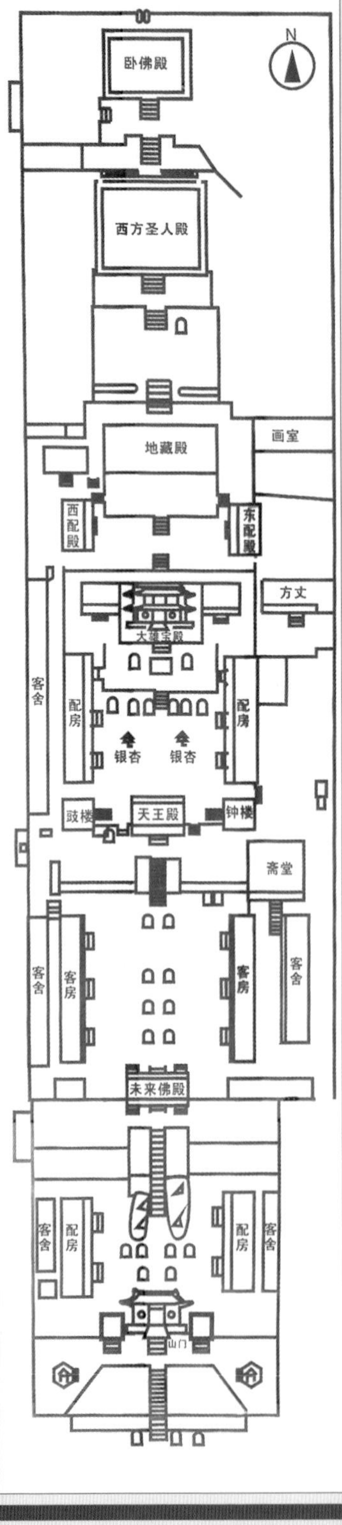

理

一塵不染淨禪心

金界常函般若

西
寶幢時護曼陀

【法王寺塔】

法王寺塔位于大法王寺后山坡上，15级方形砖塔，高约40米，周长28米，塔体壁厚2.13米，黄泥砌缝，外涂白灰。塔身密檐层层外迭，迭出塔身最宽者约90厘米。另外，塔身的高度和宽度由下而上递减，呈抛物线形。塔南面辟一塔门，可直入塔心室。塔心室为方形，上部是空心建筑，从底层可视塔顶。塔心室内供汉白玉佛像一尊，是明代永乐七年（1409年）九月，周王为生子所送，称南无阿弥陀佛，玉佛之右下角和双手已残损。

在密檐式唐塔的东边百余米，共有3座均为四角形单层砖塔。虽然铭记已丢失，塔刹和塔基有所剥落，但仍可看出它的造型和制作手法。南面一座塔高约10米，周长17.52米，壁厚1.33米。塔刹上置覆钵，一半球形砖砌台墩，四周镶砌8块雕花石。为覆钵之上有仰莲式石刻圆盘绶花，绶花之上轩置鼓镜式相轮，最上端为一石雕宝珠。塔刹一周雕刻有莲花卷草、飞天等浮雕，图案精美，为嵩山古塔中之仅见。这3座唐塔皆用黄泥混溶凝固，千百年来，虽历经沧桑，但仍傲然屹立，并保持着初建时面貌，为研究唐代的建筑艺术提供了重要资料。

位于法王寺西卧龙岭之巅，是一座六角形七级砖塔，高约6米，周长7.2米，全部用水磨砖垒砌，饰有多种砖雕图案。塔身第一层南北辟假门，饰雕扇门，迭涩檐下置砖雕斗拱一周，以上各层均为迭涩出檐。塔身嵌塔铭1块，高98厘米。宽50厘米。据寺前《月庵海公道行碑》记载，该塔建于元仁宗延祐三年（1316年）五月，为月庵海公圆净之塔。这是嵩山地区雕刻最为精细的一座元代砖石墓塔。

位于法王寺北边百余米处，有一座名曰“弥壑澧公和尚塔”的六角形七级砖塔，高约11米，周长7.8米。塔身刻有各种花卉图案，嵌有青石塔铭1块，塔刹为青石雕刻，高约1.2米。法王寺唐塔等文物在我国佛教史、建筑史、金石史上都占有极其重要的位置，为历代所重视。

参考资料

[1] 曹昌智．中国建筑艺术全集 12—佛教建筑（北方）[M]. 北京：中国建筑工业出版社，2000.

[2] 曹昌智．中国建筑艺术全集 13—佛教建筑（南方）[M]. 北京：中国建筑工业出版社，2000.

[3] 陈从周．扬州的园林与住宅 [M]. 上海：上海同济大学出版社，2003.

[4] 邓晓琳．宗教与建筑（上）[J]. 同济大学学报（人文社科版），1996，(5).

[5] 邓晓琳．宗教与建筑（下）[J]. 同济大学学报（人文社科版），1996，(11).

[6] 段玉明．中国寺庙文化 [M]. 上海：上海人民出版社，1994.

[7] （英）弗兰普顿．现代建筑——部批判的历史 [M]. 北京：中国建筑工业出版社，1988.

[8] 罗哲文，刘文渊，韩桂艳．中国名寺 [M]. 百花文艺出版社，2006.

[9] 罗哲文，刘文渊，刘春英．中国名塔 [M]. 百花文艺出版社，2006.

[10] 罗哲文，王振复．中国建筑文化大观 [M]. 北京：中国建筑工业出版社，2001.

[11] 刘冠．中国传统建筑装饰的形式内涵分析 [D]. 清华大学文学硕士学位论文，2004.

[12] 刘先觉．现代建筑理论——建筑结合人文科学自然科学与技术科学的新成就 [M]. 北京：中国建筑工业出版社，1999.

[13] 刘敦桢．中国古代建筑史 [M]. 北京：中国建筑工业出版社，1984.

[14] （美）琳达·格鲁特，大卫·王．建筑学研究方法 [M]. 北京：机械工业出版，2005.

[15] 李允稣．华夏意匠—中国古典建筑设计原理分析 [M]. 天津：天津大学出版，2005.

[16] 潘谷西．中国建筑史 [M]. 北京：建筑工业出版社，1997.

[17] 日本 ME 工 SEI 出版公司．宗教建筑 [M]. 沈阳：辽宁科学技术出版社，2000.

[18] 孙宗文．中国道教建筑艺术的形成、发展与成就 [J]. 华中建筑，2005，23(7).

[19] 王其亨．风水理论研究 [M]. 天津：天津大学出版社出版，1992.

[20] 杨宏烈，杨安．现代宗教建筑的形制流变新建筑 [J]. 新建筑，1998，(02).

[21] 自胤道．道教建筑应有的独特风格 [J]. 山西建筑，2005，(13).

[22] 张驭寰．图解中国佛教建筑 [M]. 当代中国出版社，2012.

[23] 郑时龄．建筑批评学 [M]. 北京：中国建筑工业出版社，2001.

索引

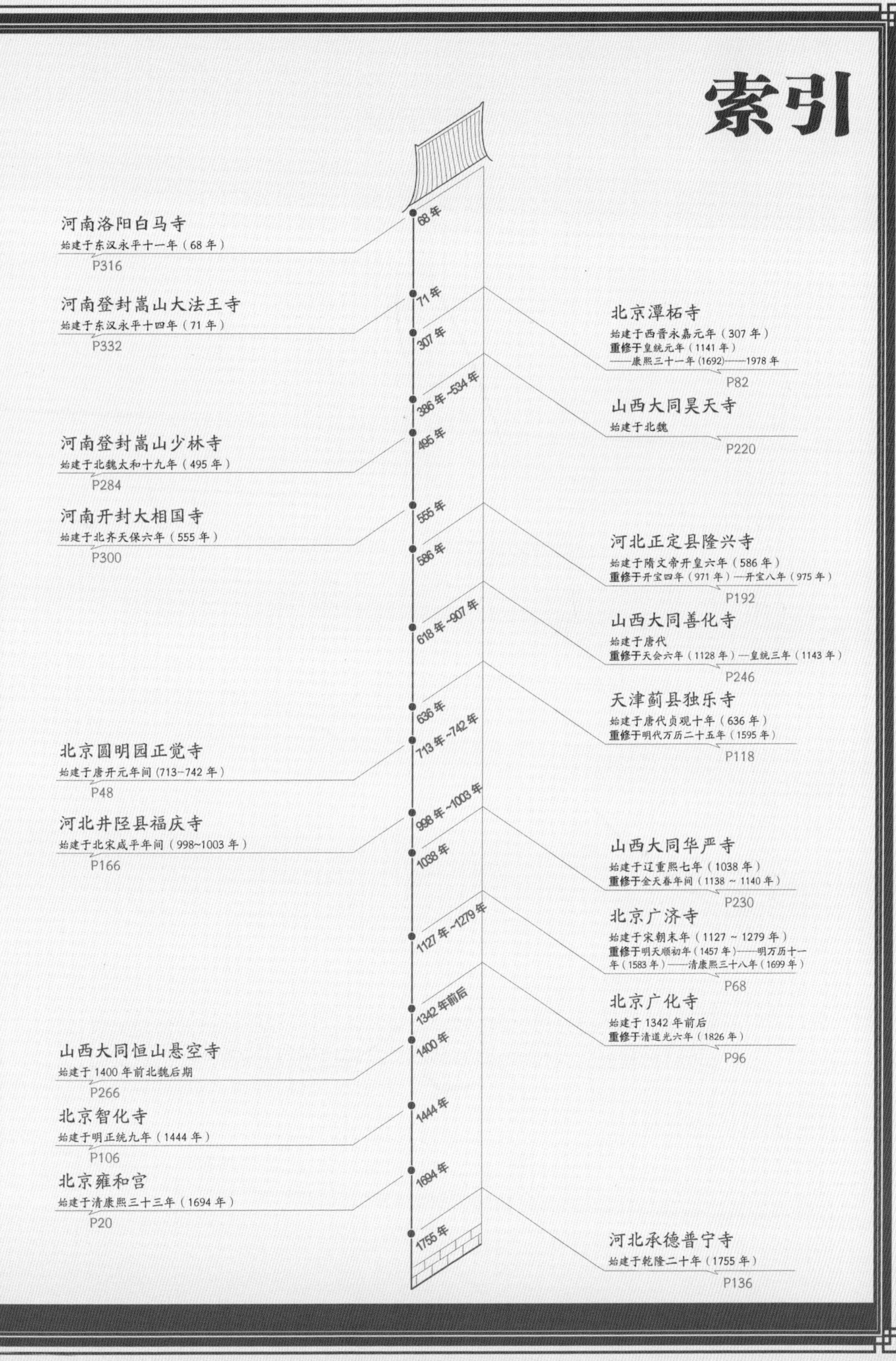
68年
71年
307年
386年~534年
495年
555年
586年
618年~907年
636年
713年~742年
998年~1003年
1038年
1127年~1279年
1342年前后
1400年
1444年
1694年
1755年

图书在版编目（C I P）数据

中国古建全集 . 宗教建筑 . 1 / 广州市唐艺文化传播有限公司编著 . -- 北京 : 中国林业出版社 , 2018.1

ISBN 978-7-5038-9218-9

Ⅰ . ①中… Ⅱ . ①广… Ⅲ . ①宗教建筑－古建筑－建筑艺术－中国 Ⅳ . ① TU-092.2

中国版本图书馆 CIP 数据核字 (2017) 第 185591 号

编　　著：广州市唐艺文化传播有限公司
策划编辑：高雪梅
流程编辑：黄　珊
文字编辑：张　芳　王艳丽　许秋怡
装帧设计：肖　涛

中国林业出版社 · 建筑分社
策　　划：纪　亮
责任编辑：纪　亮　王思源

出版：中国林业出版社（100009 北京西城区德内大街刘海胡同 7 号）
网站：lycb.forestry.gov.cn
印刷：北京利丰雅高长城印刷有限公司
发行：中国林业出版社
电话：（010）8314 3518
版次：2018 年 1 月第 1 版
印次：2018 年 1 月第 1 次
开本：1/16
印张：21.5
字数：200 千字
定价：168.00 元
全套定价：534.00 元（3 册）